U0959920

守正创新

——北京2022年冬奥会张家口赛区生态安全格局评价与构建

郜鹏　赵海明　曹胜昔　宋志永　著

河北省科技厅科技冬奥研发计划支持项目
（项目编号：21474201D）

天津大学出版社
TIANJIN UNIVERSITY PRESS

图书在版编目（CIP）数据

守正创新：北京 2022 年冬奥会张家口赛区生态安全格局评价与构建 / 郜鹏等著 . -- 天津：天津大学出版社，2025. 8. -- ISBN 978-7-5618-7735-7

Ⅰ. X321.222.3

中国国家版本馆 CIP 数据核字第 2024CV2750 号

SHOUZHENG CHUANGXIN:BEIJING 2022 NIAN DONG AOHUI ZHANGJIAKOU SAIQU SHENGTAI ANQUAN GEJU PINGJIA YU GOUJIAN

策划团队：韩振平工作室
策划编辑：韩振平 刘焱
责任编辑：朱玉红
封面字画：曹胜昔
印章篆刻：尹虎承
装帧设计：乙未文化

地　址　天津市卫津路 92 号天津大学内（邮编：300072）
电　话　发行部 022-27403647
网　址　www.tjupress.com.cn
印　刷　北京盛通印刷股份有限公司
经　销　全国各地新华书店
开　本　787mm×1092mm 1/12
印　张　15
字　数　264 千
版　次　2025 年 8 月第 1 版
印　次　2025 年 8 月第 1 次
定　价　168.00 元

凡购本书，如有质量问题，请与我社发行部门联系调换
版权所有　侵权必究

编委团队

EDITORIAL TEAM

本项目主要参与者

总 负 责 人： 曹胜昔 宋志永

项 目 负 责 人： 赵海明 郜 鹏

生态景观专业： 解旭东 薛 蕊 张 涛 杨家牧 逯诗雪 赵庆云 赵 昕 刘 婷 刘 盼 梁晨乐 赵 祺 孟繁曦 封成佳 等

城乡规划专业： 王 雷 梁玉杰 曹丽丽 等

建 筑 及 设 备 专 业： 程蔚媛 陈艾文 苏 毅 郝国镜 李 栋 高志辉 陈保龙 等

特别感谢： 河北省科学技术厅，张家口市人民政府，张家口市崇礼区人民政府，张家口市崇礼区林业和草原局王日红、牛志刚、康秀亮、杨建忠、郝爱、王利华、陈涛，张家口市崇礼区四台嘴乡人民政府翟建东、师光永，河北农业大学黄印冉，河北地质大学朱骥，河北省林业和草原调查规划设计院陈立标，河北省城乡规划设计研究院郝红晖，石家庄市园林局胡文芳、马孟良，张家口市林业和草原局许荡非等同人在本项目实施中给予的支持和指导。

本书的出版得到了河北省科技厅科技冬奥研发计划支持项目（项目编号 :21474201D)、河北省应对气候变化城市安全技术重点实验室的支持。

序言

PREFACE

奥运可持续发展与生态再造的中国式实践

2022 年立春，冬奥会在北京、延庆和张家口 3 个赛区如期举办。一场简约、安全、精彩的奥运盛会完美地呈现在世人面前。14 亿中国人触碰了冰雪的活力与魅力，世界也看到了奥运可持续发展的中国式决心与实践。

北京 2022 年冬奥会在国家新的发展理念下、在科技创新的支撑下，诠释了奥林匹克运动与中国可持续发展观的结合，是一次为国际社会提供借鉴参考的中国实践。在这个实践的背后是冬奥场馆与赛区环境建设者们的艰辛付出。

作为北京冬奥会张家口赛区和北京首钢滑雪大跳台的设计总负责人，我有幸与很多参与冬奥建设的规划设计团队有深入的接触和合作，也由此了解到了中国兵器工业集团北方设计院生态景观设计团队在张家口赛区生态环境系列建设工程中的精工与匠心。

在 4 年的时间里，北方设计院张家口赛区冬奥项目设计团队基于对国家生态文明建设的深刻理解、对北京冬奥会创新可持续发展理念的坚定信心，与千千万万建设者一起投身到张家口赛区生态环境建设工程中，先后完成崇礼冬奥会“三场”区域绿化、崇礼城区至太子城冰雪小镇生态风景廊道公园、崇礼北高铁站周边区域绿化等生态景观项目的规划设计工作，运用科技手段开展当地的生态修复和景观提升。他们不辞辛苦地走遍崇礼的沟沟坎坎，深入山村广泛征求当地居民意见，最大限度延续朴素的人居传统，保护本真的生态环境，打造具有动人色彩和感人温度的中国北方山地景观。他们的工作创造了“自然之美”与“乡野之情”交织的冬奥生态风景廊道，将绿色冬奥的景观画卷贡献给奥运可持续发展与生态再造的中国式实践。

这种可持续发展与生态再造的实践体现在服务于“常人”，服务于“常人”的日常生活。本次北京冬奥会与过往最大的不同，在于不仅考虑如何做一个盛会，而且更加关注长期的可持续利用。冬奥场馆设施以及场馆周边的生态环境都是冬奥遗产，它们不仅要服务于运动员这样的“超人”，更要服务于居民与游客这样的“常人”，实现场馆规划设计中赛时竞赛任务与赛后日常任务的无缝融合。任何一个实现这种无缝融合的好设计都必须源于生活，归于生活。好的竞赛场馆的环境设计，一定是与生于斯、长于斯、居于斯、乐于斯的百姓紧密相连的。北方设计院张家口赛区冬奥项目设计团队的工作在这方面做出了表率。

在他们卓有成效的努力下，张家口赛区所在地曾经脆弱的山地生态实现了体育与自然的和谐相融、环境与生活的互助互成、冰雪与山水的美美与共。这是北方设计院张家口赛区冬奥项目设计团队为崇礼留下的冬奥可持续遗产，也是规划设计师们留给华北山地人们的美好礼物。

张利

全国工程勘察设计大师
清华大学建筑学院院长

前言

FOREWORD

道法自然 守正创新

岁在壬寅，立春之日，2022 年第 24 届冬季奥林匹克运动会在首都北京盛大开幕，开启了构建人类命运共同体的崭新篇章。北京、张家口的“双城冬奥”是京津冀协同发展的点睛之笔，作为中国兵器工业集团驻冀央企中的成员，2018 年以来我和我的团队积极践行国家战略，以强烈的责任感和使命感，投身到 2022 年北京冬奥会张家口赛区一系列的生态环境建设工程和科研课题中，用实际行动践行绿水青山就是金山银山的理念，先后完成崇礼冬奥会“三场”区域绿化、崇礼城区至太子城冰雪小镇生态风景廊道公园、崇礼北高铁站周边区域绿化等生态景观项目的规划设计工作，践行绿色基建，为赛区营造优美的自然环境，绘制绿色冬奥的景观画卷，交出我们的生态冬奥答卷。

本书是北京 2022 年冬奥会张家口赛区生态景观系列书籍第 2 本。项目组历经 4 年时间完成了系列工作。首先，经过现场调研与分析，以数字技术为支撑对崇礼赛区景观格局指标进行计算，采用 D-P-S-I-R 模型对崇礼赛区生态安全格局进行量化与评价；其次，以生态源地为对象，借鉴电路理论思想，利用相关工具对崇礼赛区生态安全格局进行构建；再次，根据生态安全格局结果，结合实际针对不同生态功能区进行相应工程提升，并对实施前后的景观格局变化、土地利用类型变化、生态安全评价等方面进行对比；最后，结合本案提出生态安全格局管控与保障机制。

独立的自然系统总是趋向于不可逆转的熵增，过度的人类活动往往会加剧该系统的无序化演变，但正向的人类行为也可以通过构建远离平衡态的耗散结构，促进系统内外物质和能量的开放式交流，维持自然系统的有序结构与活力。“国富山河壮、民强天地新”，在习近平生态文明思想的指引下，希望更多的同人关注并加入对人类发展与自然环境之间平衡关系的研究，实现人类与自然环境的良好互动和共同进步，为保护生态环境、实现碳达峰和碳中和、应对气候变化做出贡献！

曹胜昔

河北省工程勘察设计大师
项目总负责人

2024 年 5 月

目录

CONTENTS

01

生态安全格局概述

OVERVIEW OF ECOLOGICAL SECURITY PATTERN

生态环境作为人类及其他生物依赖的“绿色家园”，是地球生命系统存在和维持生命的重要载体。随着生物多样性日趋下降问题的凸显，基于景观设计和规划的生态安全格局评价体系的构建成为减缓这一趋势的重要举措。基于生物多样性的景观生态安全格局评价与构建意义重大，如何构建城市及区域尺度下的生态安全格局已成为相关领域从业人员需要重点考虑的问题。

人类在现代化进程中造成的区域性或全球性的生态环境问题已经成为当今社会普遍关注的焦点。如何正确处理城市及近郊区域生态保护与经济发展的关系成为当前摆在国人面前的现实问题。

党的十八大报告首次把生态文明建设纳入全国总体战略层面，提出以解决生态环境领域突出问题为导向，保障国家生态安全，改善环境质量，提高资源利用效率，推动形成人与自然和谐发展的现代化建设新格局。至此，“生态文明”被赋予了与“物质文明”“精神文明”“政治文明”同等重要的地位。2015 年 5 月印发的《关于加快推进生态文明建设的意见》将环境保护工作推向新的高度。生态文明建设要求包括生态安全格局在内的景观生态规划研究不断创新与发展，标志着未来一段时期生态安全格局将是我国生态学与景观学研讨的重点和热点问题。生态文明建设的总体要求如下。第一，要树立尊重自然、顺应自然、保护自然的生态文明理念。这是推进生态文明建设的重要思想基础，体现了新的价值取向和生态伦理。我们必须摒弃人定胜天的思维方式和做法，按照人与自然和谐发展的要求，在生产力布局、城镇化发展、重大项目建设中充分考虑自然条件和资源环境的承载能力。第二，要突出生态文明建设的地位，使之融入经济建设、政治建设、文化建设、社会建设各方面和全过程，推动形成人与自然和谐发展的现代化建设新格局。这是推进生态文明建设的实质和本质特征，也是对我国社会主义现代化建设提出的更新、更高的要求。第三，坚持节约资源和保护环境的基本国策，坚持节约优先、保护优先、自然恢复为主。这是推进生态文明建设的基本政策和根本方针，制定各项经济社会政策、编制各类规划、推动各项工作都必须遵循这一政策和方针。第四，着力推进绿色发展、循环发展、低碳发展。这是推进生态文明建设的基本途径和方式，也是转变经济发展方式的重要任务和重要内容。

我们要建设的现代化是人与自然和谐共生的现代化，既要创造更多物质财富和精神财富以满足人民日益增长的美好生活需要，也要提供更多优质生态产品以满足人民日益增长的优美生态环境需要；必须坚持节约优先、保护优先、自然恢复为主的方针，形成节约资源和保护环境的空间格局、产业结构、生产方式、生活方式，还自然以宁静、和谐、美丽；推进绿色发展，着力解决突出的环境问题，加大生态系统保护力度，改革生态环境监管体制，推动形成人与自然和谐发展现代化建设新格局，为保护生态环境作出我们这代人的努力。

党的二十大报告指出，“尊重自然、顺应自然、保护自然，是全面建设社会主义现代化国家的内在要求”“中国式现代化是人与自然和谐共生的现代化”。这明确了我国新时代生态文明建设的战略任务，总基调是推动绿色发展，促进人与自然和谐共生。二十大报告在充分肯定生态文明建设成就的基础上，从统筹产业结构调整、污染治理、生态保护、应对气候变化等多元角度，全面系统地阐述了我国持续推动生态文明建设的战略思路与方法，并对未来生态环境保护提出一系列新观点、新要求、新方向和新部署。生态保护修复是生态文明建设的一项重要基础性任务，提升生态系统的多样性、稳定性、持续性需要加大生态系统保护力度，持续改善生态环境质量，不断增强人民群众的获得感、幸福感、安全感，优化国土生态安全格局，我国陆基国土空间格局，涉纬度与大气圈的三大自然区、涉海拔与岩石圈的三大地形阶梯，规模极为宏大，国土的非均衡性一览无余。党的二十大报告第四部分指出，“构建优势互补、高质量发展的区域经济布局和国土空间体系”。这是促进区域协调发展，实现全体人民共同富裕、全面建成社会主义现代化强国的必然要求与应有之义。“以国家重点生态功能区、生态保护红线、自然保护地等为重点”为坚持山水林田湖草沙一体化保护和系统治理，持续开展重点区域自然生态保护与修复明确了重点任务领域。“推进以国家公园为主体的自然保护地体系建设”进一步明确了自然保护地体系建设方向，要继续推进科学划定自然保护地保护范围及功能分区，加快整合、归并、优化各类保护地，构建以国家公园为主体、自然保护区为基础、各类自然公园为补充的自然保护地体系；也进一步要求推动各类自然保护地的科学设置，健全自然生态系统保护的新体制、新机制、新模式，推进提升生态产品供给能力。

在结合我国生态建设重大需求的基础上，党的二十大报告指出，“加快实施重要生态系统保护和修复重大工程”，强调发挥重大工程实施对生态保护能力建设的重要推动提升作用，要在全国一盘棋层面统筹考量。一方面，加快推进青藏高原生态屏障区、黄河重点生态区、长江重点生态区和东北森林带、北方防沙带、南方丘陵山地带、海岸带等生态屏障建设；另一方面，科学开展大规模国土绿化行动，深入推进退耕还林还草工程，着力加强“三北”等防护林体系工程建设，持续推进防治荒漠化工程等。我国深入落实生态保护政策，坚持生态优先、绿色发展，正确处理好资源开发与生态环保的关系，坚定不移走生态和经济协调发展、人与自然和谐共生之路。党的二十大报告强调了“深化集体林权制度改革”等政策制度创新。在此背景下，我国一方面加快建立健全生态产品价值评价机制，健全生态产品经营开发机制，同时加大重点生态功能区、重要水系源头地区、自然保护地转移支付力度，鼓励受益地区和保护地区、流域上下游通过资金补偿、产业扶持等多种形式开展横向生态补偿；另一方面不断健全以生态环境要素为实施对象的分类补偿制度，完善市场化、多元化生态补偿，鼓励各类社会资本参与生态保护修复，同时推行草原、森林、河流、湖泊、湿地休养生息。

在快速城市化背景下的土地利用变化势必会给区域生态环境带来新的挑战。伴随快速城市化而产生的设施建设、耕地占用、林木采伐等人类活动不断侵蚀自然生境，这直接导致出现了包括生物多样性急速下降等在内的多种生态环境问题。传统城市尺度下的生态系统问题如今有可能在区域尺度下产生，传统单点局部发生的生态问题则更可能多点全面发生。生态环境作为所有生物依赖的“绿色家园”，是地球生命系统能够生存下去的重要物质与空间支撑。面对生物多样性日趋下降的问题，为有效地保护城市区域生态安全，景观设计应该与区域生态安全格局相结合。景观生态安全评价体系与构建技术会逐渐成为景观设计学乃至整个景观行业的设计及研究方向。城市及区域尺度下的生态安全格局构建也会成为生态学家和规划师干预生态过程、促进生物多样性恢复的可靠手段。

中国公布五大国家级城市群（长三角城市群、珠三角城市群、京津冀城市群、长江中游城市群、成渝城市群）

标志着区域尺度下城市群协同发展将成为中国下一阶段的重要经济引擎。区域及地区城市群将是未来中国城镇化的主要形式[1]。国外对生态空间规划在宏观、微观尺度均进行了较为深入的研究，有丰富的案例可循。国内对生态规划的相关研究尚处于起步阶段，城市生态空间规划已不能满足快速的城市化进程所提出的要求。中国经济社会高速发展产生的各种生态环境问题已不是某种“治标”的方案能够解决的，问题的解决需要全面综合的区域生态安全格局方案。对此，如何将中小尺度生态空间规划推向大尺度生态安全格局规划是亟待解决的重要问题。

北京冬奥会的举办是改善城市环境的契机，也是城市转型升级迈向绿色发展的良机。北京冬奥会的申办到筹办，始终坚持绿色、低碳、可持续原则，将贯彻绿色发展理念与绿色办奥相结合，充分发挥冬奥会筹办对当地发展的牵引作用，加快推动城市绿色发展、高质量发展，努力让蓝天、绿水、青山成为北京冬奥会的亮丽底色。冬奥会的举办是推动当地自然资源保护、环境治理、生态修复、自然资源安全保障的重要动力。

生物多样性保护围绕生态安全、生态安全评价、生态安全格局 3 个核心概念展开，其内涵本质各有侧重，又互为一体。学者可对安全评价与安全格局进行整合研究。生态安全是终极目标，评价表征安全状况，并支撑安全格局构建；安全格局构建通过优化配置要素，维护生态安全。

1.1

理论基础

生态安全作为内涵复杂的概念，其本身不仅是生态安全评价根本的关注点，而且是其重要的理论来源与核心概念。生态安全评价针对的是生态安全，生态安全是生态安全评价的根本研究问题。生态安全的广义定义囊括自然生态安全、经济生态安全和社会生态安全。狭义定义指生态过程不受干扰、生态结构完整、生态要素完善健康，以至整个自然和半自然生态系统是稳定的、可持续的 [2]。

生态安全是生态安全格局研究的根本目的和问题，是其重要的理论来源。相对于生态安全评价描述生态安全的综合状况，生态安全格局则强调在空间量序方面探求维护区域生态安全的方法策略。

生态安全评价与生态安全格局均是生态安全重要的研究内容。不同的是，前者强调对生态安全的客观认知，后者强调对生态安全的主动作为。前者是后者的基础与导向，后者是前者的继承与发展。二者在认知与维护生态安全上本质一致，研究互有交叉，各有侧重。

生物多样性是生态安全、生态安全评价、生态安全格局三者研究的合力点和切入点。生态安全繁复的含义容易让生态安全评价与生态安全格局构建的整合研究失焦。后两者如果不能很好地统一在一个相对清晰的生态安全概念之下，便会出现针对生态安全状况的“现状分析”与“方案规划”无法形成合力的情况。所以当研究涉及生态安全、生态安全评价、生态安全格局三个概念的时候，迫切需要将生物多样性作为中心焦点凝聚三者，形成合力 [3]。

生物多样性是生态安全评价的重要对象。针对生物多样性的区域生态安全评价是维护区域生态安全的必然要求。针对生物多样性的区域生态安全评价主要探究区域内生物的分布情况与质量优劣、其发挥的生态功能健康大小以及人类社会自然灾害干扰的压力大小。围绕生物多样性展开的生态安全评价所反映的问题是生物保护研究的前提，与生物多样性保护关系密切。

生物多样性保护是构建生态安全格局的首要任务，生态安全格局构建是生物多样性保护的主流策略。景观生态安全格局提出的最初目的即进行生物多样性保护。如今生物多样性保护已从以物种保护为核心转向以格局规划为核心，通过构建格局来保护生物多样性成了主流方法。

1.2

概念界定

1. 生态安全

广义的生态安全是包括自然生态安全、经济生态安全和社会生态安全在内的复合人工生态安全系统；狭义的生态安全仅是生态系统健康和完整性的反映[4]。学者们对生态安全进行了深入研究，在研究对象方面，包括土地、城市、绿洲、森林、草原、湿地等生态系统；在研究尺度方面，从短期到长期的时间在尺度以及从地方到区域的空间尺度均有涉及；在研究内容方面，涵盖生态安全定义的扩展、环境变化与安全的案例研究和综合性研究[5]。

2. 景观生态学

景观生态学作为生态学和景观环境领域的一门新兴的综合交叉学科，研究范围从土地利用规划逐渐扩展到资源开发与有效管理、生物多样性保护等领域。景观生态学是一门服务于不同尺度和不同类型景观的生态保护、管理、规划设计以实现可持续发展的综合性学科[6]。景观生态学理论认为自然干扰与人为干扰是景观格局的主要威胁，景观格局的破坏会直接作用于生态安全，导致生态被破坏。

3. 生物多样性

生物多样性针对世界上所有微生物、动植物种群、生态系统及其过程，是描述时空下自然环境多样性程度的概念。

4. 生态安全评价

生态安全评价指在一定时空尺度下，在定量研究的基础上做定性研究，研究与自然生态现状质量及其受干扰程度相关的诸多方面，包括自然资源禀赋、社会经济活动、自然灾害干扰、人类保护修复等多个因子，评估区域生态环境的现状质量和人类活动及自然灾害等干扰破坏对其产生的压力。简单地说，生态安全评价表征生态安全状况。

5. 生态安全评价方法

生态安全评价方法主要有生态模型法、数学模型法、景观生态模型法和数字地面模型法；评价指标体系往往采用多因子综合评价模型，如压力 - 状态 - 响应（PSR）模型、驱动力 - 状态 - 响应（DSR）模型、驱动力 - 压力 - 状态 - 暴露 - 影响 - 响应（DPSEEA）模型、驱动力 - 压力 - 状态 - 影响 - 响应（DPSIR）模型[5]。

6. 景观格局

景观格局一般指景观的空间格局，即大小和形状各异的景观要素在空间上的排列和组合，涉及景观组成单元的类型、数目、空间分布与配置，比如不同类型的斑块在空间上呈随机型、均匀型或聚集型分布。景观格局是景观异质性的具体体现，也是各种生态过程在不同尺度上作用的结果，通常由斑块、廊道、基质等组成。斑块是基本结构单元，也是最小的景观异质性单元，是内部均质化且与周围地物有所不同的块状区域。廊道从形态上便与周围区域不同，为狭长的条带状，通常为道路、河流等。它们一方面会阻碍景观组分的联系，但另一方面又会促进周围区域物质能量的流动与交换。基质的范围较广，是最大的景观组分，连通性最强，影响物质流、能量流及信息流，主导景观功能，影响整体景观结构的发展趋势。研究人员通常采用一系列景观格局指数表征景观特征，涉及斑块、类型、景观三个方面 [7]。

7. 生态安全格局

生态安全格局也称生态安全框架，指景观中存在的某种潜在生态系统的空间格局，它由景观中的某些关键的局部，及其所处方位和空间联系共同构成。生态安全格局对维护或控制特定地段的某种生态过程有着重要的意义。不同区域具有不同特征的生态安全格局，对它的研究与设计依赖于研究者对其空间结构的分析结果，以及研究者对其生态过程的了解程度。

生态安全、生态安全评价和区域生态安全格局这三者之间关系密切。生态安全评价结果反映区域生态安全状况，同时为区域生态安全格局构建提供依据；区域生态安全格局构建则借助人类的主动干预来促进生态系统各要素的优化配置，最终改善和提高区域生态安全状况。

8. 生态廊道

生态廊道是在生态环境中沟通连接空间分布中生态单元的生态系统空间类型，能够满足物种的扩散、迁移和交换，是构建区域山水林田湖草沙完整生态系统的重要组成部分。

1.3

国内外研究现状

一般来说，生态安全格局可以表征当前生态系统的完整性和健康状况，以及生物多样性保护和景观生态恢复的长期潜力。马克明等认为对生态安全格局进行规划与管理能够有效地保证生态系统的功能、过程、结构的完整性[8]。生态安全格局一般由生态源地与生态廊道构成[9]。生态安全格局重要的直接理论源头可以追溯到景观生态学的诞生，1939 年“景观生态学”的概念被首次提出[10]。20 世纪 80 年代初国际景观生态学界形成了以生态学为基础的景观新概念，他认为景观是由不同生态系统组成的异质空间镶嵌体[11]，1995 年 Forman（福尔曼）提出利用景观生态学研究地表结构、功能和动态的生态环境，系统总结了景观格局的优化方法。同期我国学者俞孔坚以此为基础提出了“景观安全格局理论”[12]，他认为景观中存在某种空间格局，由一些关键性局部、位置和空间联系构成[13]，这就是景观生态安全格局（也称景观安全格局、生态安全格局，学界并没有对这些相近概念做明确辨析，后文将其统称为生态安全格局），后期经过学者们的一系列深入探索，逐步形成了由生态源地、廊道、节点、网络等要素组成的生态空间优化模式。总体而言，国外的早期相关研究主要集中在大尺度如全球或国家层面，小尺度层面研究较少[5]，自 20 世纪 90 年代之后，生态安全格局研究的主要阵地由国外转向国内。近年来在国土空间规划背景下，国内生态安全格局的研究开始较多地关注国土空间规划生态安全评价、生态功能区、主体功能区、生态用地、生态红线划定、生态修复专项规划等内容[14-16]。

在更广义的层面上，如在城市绿道、绿化带、生态廊道、生态网络、绿色基础设施、自然保护地、生态保护地、国家公园体系等的研究中也不同程度地体现了生态安全格局的思想和方法[17]。这些思想和方法运用在空间规划和生态规划领域，与生态安全格局通过配置生态要素以保护生物多样性和生态安全这一根本目标保持一致。而生态规划的理念最早可以追溯到美国景观学先锋奥姆斯特德的实践中，如奥姆斯特德的公园系统、公园路，以及景观学科的经典案例“中央公园”便是这一理念的最好注解。英国规划专家霍华德的“花园城市”理论也包含先进的生态规划思想。此后，国际上出现了一系列基于人类游憩需求、兼顾生物保护的规划思潮与案例。如美国 20 世纪中叶开展的“绿道运动”，便是在公园游憩步道及其他线带状绿色空间的规划不断拓展以及规划师日益关注河流河道、废弃铁路等线带状空间的背景下，为实现注重游憩休闲与生态保护双目标下而产生的。20 世纪 90 年代生态基础设施、绿色基础设施等方面的理论兴起。经典的马里兰州绿色基础设施便是在州域尺度（马里兰州面积较小，面积约为 3.2 万平方千米）上对生态空间进行统筹规划形成的，该规划尤其强调连通与整合，形成生态空间网络。20 世纪末提出的“精明增长”等概念，都强调对自然生态资源进行先行保护，以达到在城市高速增长的同时仍能维持其对人类社会持续有效提供生态服务的能力。

在生态安全格局构建过程中学者们从不同的切入点展开研究[18]。

1. 生态安全格局的目标

相关人员应对具体项目、具体问题设定针对性的生态安全格局构建目标，包括单一目标、多目标、具体目标、整体目标等[19]。如俞孔坚等提出生物多样性保护的生态安全格局专题研究[13]，Tscharntke（查恩特克）等针对生物多样性保护和农业用地集约利用双重目标展开研究[20]。

2. 源地确定方法[21-25]

源地确定方法一般分为直接法、评价体系法、综合法。其中，直接法将特殊保护区或者大面积林地等特定区域直接作为源地。评价体系法指标体系的构建常涉及生境质量、景观连通性、景观脆弱性指数、生态系统服务功能、景观格局指数、敏感性、地质灾害、文化遗产等评价维度，对于涉及多维度的评价系统，常借助自然 - 经济 - 社会框架、压力 - 状态 - 响应（PSR）模型、驱动力 - 压力 - 状态 - 影响 - 响应（DPSIR）模型、生态足迹模型、景观变化模型、系统动力学模型等评价模拟模型进行动态过程的分解和评价指标的组织，进一步结合层次分析法（AHP）、主成分分析法（SPCA）确定指标的权重。综合法根据情况将二者进行结合。这些方法中评价体系法内容复杂，涉及指标体系、评价模型等多方面内容，本身具有很大的研究体量，常单独作为景观生态安全格局的研究内容，但相关的研究仍未形成标准体系，个体案例的环境差异、尺度差异等因素对评价结果的普适和推广造成限制；研究具有很大的主观性，多停留在理论层面，仍需要更多的实证和应用研究，并需要加强持续性的跟踪和动态性的关注。

3. 阻力面构建与廊道识别方法[26-30]

阻力面构建与廊道识别的常用方法包括最小累计阻力模型（MCR）、电路理论连通度模型、景观形态空间格局分析（MSPA）等。前两种模型首先通过选取阻力因子确定阻力系数并通过综合叠加获得成本阻力面，在此基础上识别生态廊道、生态关键点等。MCR 模型模拟生态流在空间覆盖过程中克服不同景观要素阻力的过程，在生态安全格局中的应用已较成熟。电路理论连通度模型将电路与运动生态学联系起来，较之 MCR 模型增加了对物种选择迁移路径随机性的关注。与之相对，景观形态空间格局分析（MSPA）依赖土地利用数据，利用形态学原理从像元层面上识别出研究区域内重要的生境斑块和廊道等对景观连通性起重要作用的区域，计算“核心区”“桥接区”“孔隙”“边缘区”“环道区”“支线”与“孤岛”等景观组分，强调结构性连接。

4. 不同尺度的应用[31-35]

生态安全格局的研究需考虑尺度关系，但不同尺度的划分并非界限清晰且完全固定，可以根据研究的具体内容和地理背景进行灵活的调整。不同领域和研究者对尺度的定义和划分可能会有所不同。国内生态安全格局的研究较多集中于省域、市域、县域 3 个层级，也常以流域、自然保护地、风景名胜区等为地域单元进行研究。省域研究的是区域尺度，关注整个省级行政区域的生态安全格局，包括土地利用规划、资源分配、生态系统服务评估和生态环境保护政策制定等方面。市域一般涉及区域尺度或景观尺度，研究关注城市及其周边地区的生态安全格局，包括城市化对生态系统的影响、城市生态系统服务功能评估以及景观格局分析等。县域通常可以视为生态安全格局研究的微观尺度或生境尺度，研究关注地区内部的物种多样性、生态过程和生境的生态安全格局，包括生态系统结构与功能、物种多样性维持和种群动态等方面。对流域、自然保护地、风景名胜区等地域单元进行的研究也可以根据情况视为对区域尺度、景观尺度或生境尺度的研究。总体而言，不同尺度的研究侧重点存在差异，省级、市级的区域尺度研究较多且较为成熟；而县级及以下的微观和生境尺度研究较少，可能是数据获取和整合的困难以及研究资源有限导致的，并且相关研究缺少对尺度效应差异和联系的深入研究，缺乏对生态系统动态变化的持续跟踪。

5. 城乡地域环境差异[31, 36-38]

对山地环境、水网环境、城市环境、乡村环境等差异性较大的不同地域环境类型进行有针对性的在地化研究后，可获知环境类型不同研究侧重点也不同，在研究目标、数据收集、评价指标、模拟模型等方面都会存在差异。如山地环境关注地表植被覆盖变化监测、土壤侵蚀机制研究、生物多样性保护策略等，水网环境关注水体污染监测与治理、水资源管理、水生态系统保护，城市环境关注城市化对生态系统的影响、城市生态系统服务功能评估等，乡村环境关注农业生产与可持续发展、土地利用变化及其生态效应等。研究者会选择适合当地环境和问题的方法，例如在山地环境中使用遥感技术来监测植被覆盖变化，而在城市环境中则可能更侧重于景观格局分析。本研究方向主要问题是在，一些特殊的地域环境由于环境复杂性高与数据缺失等原因，研究深度和准确度不足；模型的建立和参数选择可能因地域环境的不同而复杂化，对此需要更多探索性和验证性研究的积累；对于多种环境复合的交错过渡地区，需增强关注。

综上所述，生态安全格局的研究仍需要加强对中小尺度、复杂地域环境与社会环境的关注，更科学、更综合、更有针对性地筛选技术方法，结合具体案例开展差异化的在地研究，并对案例进行长期的跟踪，对理论方法进行实证评估与反馈。不同研究尺度的研究情况，见表 1-1。

表 1-1 不同研究尺度的研究情况

	区域尺度	景观尺度	生境尺度	微观尺度
关注点	整个地区的生态平衡和资源可持续利用情况	不同生态系统的空间分布、格局和连接性	生态系统内部的物种多样性、相互作用和生态过程	生态过程中的个体生存、繁殖和适应性
侧重点	土地利用规划、资源分配、生态系统服务评估、生态环境保护政策制定	景观生态学、生态通道建设、岛屿生物地理学理论、生境连通性评估	生态系统结构与功能、物种多样性维持、种群动态	行为生态学、遗传适应性、生态遗传学
不足之处	数据获取和整合复杂，模型预测精度需要提高	缺乏全面考虑人类活动影响的综合模型，忽略了微观尺度生态过程	缺乏全球性的一致性方法，生态系统响应复杂且不确定	微观尺度研究难以在大尺度生态安全决策中应用
研究热度	较高		较低	
	省域			
	市域			
			县域	

1.4

研究区域概况与研究内容

1.4.1 总体情况

崇礼区位于河北省西北部，张家口市中部，地理坐标为东经 114°47′～ 115°34′，北纬 40°47′～ 41°17′；东临赤城县，南接宣化区，西北紧靠张北县，东北和沽源县接壤，西南与张家口市区毗邻；东西长 64 千米，南北宽 57 千米，总面积约为 2 334 平方千米。明长城蜿蜒于该区的南面与东面。

崇礼城区距张家口市中心城区约 50 千米，距北京市 220 千米，距天津市 340 千米，地处北纬 41°黄金纬度，是发展滑雪产业的理想纬度区；境内 80% 为山地，最高处海拔 2 174 米，平均海拔 1 200 米，处于国际公认的最适合人类居住的黄金海拔范围内。

崇礼区处于内蒙古高原与华北平原过渡地带，来自东南的暖湿气流顺地势在此抬升，与盛行西风带上的大气环流交汇，形成了独特的“小气候”和“小环境”。全区森林覆盖率为 67%，赛事核心区面积超过 80%，年均降水量 465.2 毫米，赛事核心区的为 600 毫米以上，空气质量连续多年保持全省最优。崇礼区冬季平均气温为 -12°C，平均风速 2 级，降雪早、积雪厚，存雪期长达 150 天；山地坡度多在 5 ～ 35°之间，最大垂直落差达 800 米，适宜开发不同级别的滑雪赛道。

崇礼区地理区位独特，生态环境良好，滑雪资源富集，是北京 2022 年冬奥会雪上项目的主要竞赛场地之一。

1.4.2 研究区域社会发展状况

1. 人口

截至 2021 年，崇礼区总人口为 11.963 1 万人。其中，城镇人口 1.595 万人，乡村人口 10.368 1 万人。2021 年全年出生 874 人，死亡 907 人。截至 2021 年末，崇礼区常住人口 10.454 2 万人，城镇化率为 55.6%。

2. 经济

2022 年，崇礼区实现地区生产总值 38.04 亿元，按可比价计算同比下降 12.4%，居全市第 19 位；低于全市（1.5%）13.9 个百分点，低于全省（3.8%）16.2 个百分点，低于全国（3.0%）15.4 个百分点。其中，第一产业增加值 11.02 亿元，同比下降 19.0%；第二产业增加值 6.29 亿元，同比下降 34.4%；第三产业增加值 20.73 亿元，同比下降 0.8%。三次产业结构比为 29.0:16.5:54.5。

1.4.3 研究区域城镇建设情况

张承高速和省道张沽线纵贯崇礼区全境，张家口市军民合用机场已通航。京张高铁崇礼支线通车后，从北京市至崇礼区滑雪仅需不到 1 小时的车程。延崇高速和京北一级路通车后，北京市到崇礼区的路程将比现有路程缩短一半。

截至 2021 年末，崇礼区境内公路里程为 1 037 千米。公路客运量 189 万人次。崇礼区共有 4 家 A 级景区，其中 AAAA 级景点 3 个。星级宾馆有 57 家，其中四星级及以上宾馆有 24 家；旅行社有 8 家。

目前崇礼区已建成万龙、云顶、太舞、富龙、银河、多乐美地、长城岭、拾雪川 8 家滑雪场，拥有雪道 169 条共 161.71 千米，雪道面积约 4.1 平方千米，索道魔毯拖牵 68 条共 45.63 千米，成为国内最大的高端雪场集聚区。崇礼区已入选国家级旅游度假区。

1.4.4 研究区域生态环境

1. 土壤

崇礼区的土壤共分 4 个土类、9 个亚类、24 个土属、120 个土种。栗钙土主要分布在区内海拔 1 500 米以上的北部沿坝头地区，占区总面积的 63.0%。其土层薄，砾石多，有机质含量及养分状况一般，pH 值为 6.5 ～ 8.4。棕壤土主要分布在海拔 1 200 米以上的阴坡，占区总面积的 29.0%，有机质含量及养分较高，pH 值为 6.5 ～ 7.0。褐土主要分布在地势较平的石质低山，处于棕壤带下部，占区总面积的 6.0%，有机质含量高，pH 值为 6.5 ～ 7.5。草甸土主要分布在河谷洼地上，占区总面积的 2.0%，有机质含量低，pH 值为 7.0 ～ 7.5。

2. 水文

崇礼区区域内地表水由永定河水系和潮白河水系两大水系构成。永定河水系流域面积为 2 228.3 平方千米，占水域总面积的 95.5%。此水系在区内分为两支，一为清水河，二为小清河。清水河的支流以清水河、太子城河、正沟河、西沟河为主，小清河支流流经四台嘴乡和宣化区西北部进入张家口市区汇入洋河。潮白河水系流域面积为 105.8 平方千米，占总面积的 4.5%。潮白河水系分为韩家窑沟和窑沟水，流域面积为 53.0 平方千米，占总面积的 2.3%，为季节河。境内地表水主要来源于降水，降水总量为 11.3 亿立方米。

崇礼区地下水资源为 0.214 1 亿立方米 / 年，属大气降水渗入型，以分水岭为界有 3 套独立的地下水补给系统、径流与排泄水文地质单元，地下水的流向基本与地表坡降一致。地下水的动态受降水制约，在雨季含水层水量丰富，在旱季水量则明显减少，变化很大。

3. 植被条件

从植被区划上分，崇礼区属暖温带落叶阔叶林区域和温带草原区域。植物区系成分具有较鲜明的过渡特点，除具有欧洲西伯利亚区系成分外，还有黑海中亚干草原植物区系成分。境内野生植物资源丰富，初步统计有野生植物 80 科、301 属、553 种，其中种类最多的有菊科、豆科、禾本科，草本植物占野生植物总数的 91%。主要乔灌木有桦树、山杨、柞树、五角枫、槭树、蒙古栎、山杏、荆条、毛榛、忍冬、虎榛子、溲疏、胡枝子、绣线菊等。人工栽培的乔灌木主要有落叶松、云杉、油松、樟子松、杨树、苹果、杏、桑、沙棘等。草本植物有蒿类、苔草和龙牙草等。野生药用植物资源丰富，主要有黄芩、黄芪、赤芍、柴胡和猪苓等。国家 II 级保护植物有野大豆等。

4. 林业生态建设情况

崇礼区立足独特的自然地理条件，围绕“生态旅游区”战略，转变生态建设和绿化治理理念，突破常规种植模式和绿化方式，科学规划设计，创新工程措施，全区林业生态建设不断向现代林业、生态文明、科学发展的道路迈进。近年来，该区林业局按照省、市、区政府的安排部署，在完成京津风沙源治理、巩固退耕还林、“三北”防护林体系建设、京津周围绿化工程等国家级生态工程的同时，全力实施了增绿添彩工程、清水河上游治理工程、旅游线路绿化工程、生态廊道建设工程和区城前后山项目绿化工程。

1.4.5 冬奥会与崇礼区发展

北京 2022 年冬奥会张家口赛区位于张家口市崇礼区（图 1-1），根据 2022 年冬奥会场馆规划，崇礼区作为 2022 年冬奥会三大规划场馆群之一，承担除了雪橇雪车和高山滑雪的所有雪上项目。赛区共新建、改建了 8 个场馆，包括 5 个竞赛场馆和 3 个非竞赛场馆。3 个非竞赛场馆分别是张家口赛区奥运村、媒体中心和颁奖广场。5 个竞赛场馆分别是云顶滑雪公园 a、b 场馆和国家冬季两项中心、国家跳台滑雪中心、国家越野滑雪中心。赛区进行 2 个大项（滑雪、冬季两项）、6 个分项（单板滑雪、自由式滑雪、越野滑雪、跳台滑雪、北欧两项、冬季两项）及 51 个小项的比赛，成为一个向世界展示中国形象的重要窗口。

崇礼区的雪域资源丰富，滑雪项目在全国乃至世界都有一定的名气。近年来，崇礼区全力打造“春赏花、夏避暑、秋观景、冬滑雪”的四季旅游项目，目前已建成的集旅游和滑雪为一体的大型场所有长城岭高山滑雪训练基地、万龙滑雪场、密苑云顶乐园旅游度假村、多乐美地滑雪场、瑞意太舞滑雪场和新雪国旅游度假村等，是塞北乃至整个华北的重要滑雪与旅游胜地。

崇礼区位于北京市的西北部、张家口市的东北部，是北京市、张家口市及周边城镇的绿色生态屏障，同时在京津冀协同发展过程中，张家口市的功能定位为首都的水资源涵养功能区。一个城市的生态环境是城市形象的重要组成部分。近几年，随着京津风沙源治理以及清水河综合治理等工程的实施，崇礼区的生态环境得到了极大的改善。2014 年，为确保冬奥会申办成功，崇礼区实施了申奥绿化建设。申奥成功后，崇礼区于

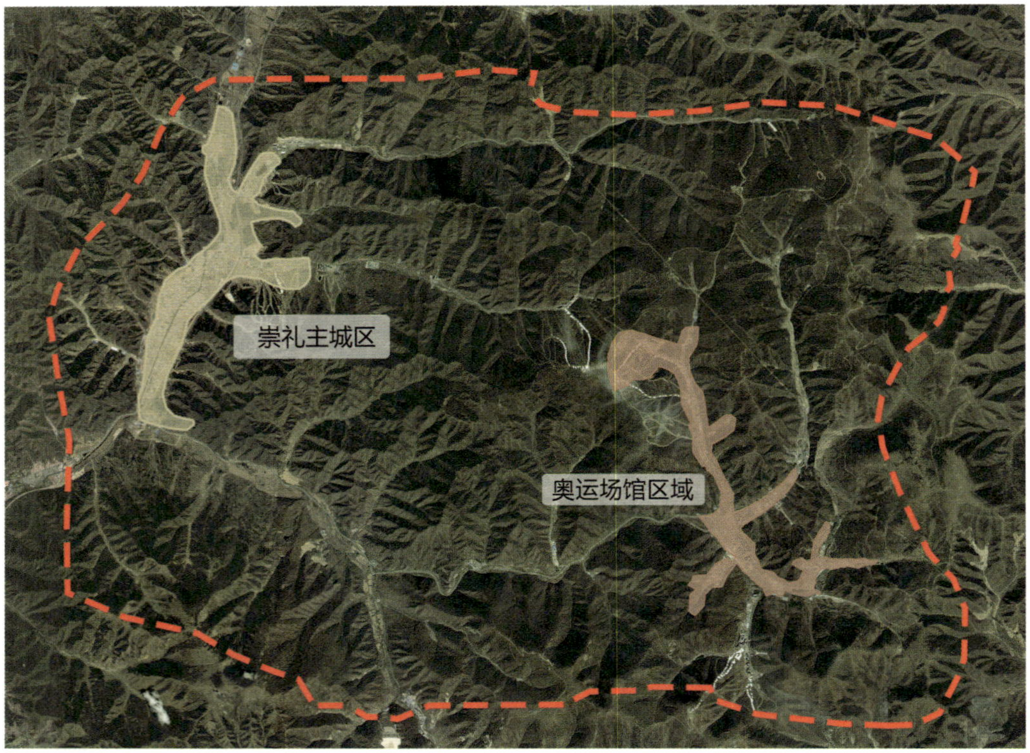

图 1-1 地理位置

2016 年又实施了重点区域生态绿化、崇礼区生态廊道景观提升、崇礼区奥林匹克森林公园建设项目等，对崇礼区境内的主要交通主干线两侧及滑雪场、旅游区、奥运村周边进行了人工绿化种植。为了更好地保障冬奥会的筹办，展示赛区的良好形象，实现地方可持续发展，崇礼区秉承“绿色办奥、共享办奥、开放办奥、廉洁办奥”的理念，围绕“简约、精彩、安全”的办赛要求，持续加大生态建设力度，全区森林覆盖率从 2015 年的 50.22% 提高至冬奥会举办前的 67%，赛事核心区森林覆盖率超过 80% 。但是，崇礼区依然需要进一步提升，需要进一步治理土坡裸露、绿化断层，需要丰富彩叶植物、花卉植物，增植高大乔木，力争达到处处常绿、三季有花、四季有景，使崇礼区的整体形象大大改观，为奥运增光，为中国添彩。

1.4.6 研究内容

本书主要借助景观格局分析软件、地理信息系统、景观信息模型等，以生物多样性保护理论研究体系为基础，构建冬奥廊道沿线区域景观结构类型识别、分类系统与景观生态格局，研究冬奥廊道沿线区域景观生态格局指数量化分析方法和冬奥廊道沿线区域生态安全格局评价方法，最终构建生态安全格局评价标准、研究方法和技术体系。书中内容包括生态安全格局相关基础理论、分析手段、评估办法、评价标准、技术措施、工程案例等内容，构建山水林田湖草沙、协调生态与建设的景观生态格局，为设计出符合当地特色的生物多样性景观方案、景观廊桥搭建技术、景观生态修复技术等提供设计和决策依据。本书具体研究内容包括以下 4 方面。

1. 冬奥廊道沿线区域生态景观格局分析方法研究

冬奥廊道沿线区域生态景观格局分析方法研究包括空间信息提取和 Fragstats 景观格局分析方法研究。空间信息提取主要结合行政地图资料、土地利用总体规划、野外调查数据、相关研究成果及统计资料数据等，将土地利用类型分为五类，分别为耕地、林地、草地、水域和建设用地。Fragstats 景观格局分析主要包括景观尺度的景观指数分析、斑块类型指数分析、斑块破碎度及异质性分析 3 个方面。

2. 冬奥廊道沿线区域生态安全评价方法研究

冬奥廊道沿线区域生态安全评价方法研究主要利用 DPSIR 模型进行生态安全评价，从驱动力、压力、状态、影响和响应 5 个方面描述自然环境压力状态下人类与环境的相互作用关系。研究选取了 15 个指标，包括国内生产总值（GDP）年增长率、旅游活动干扰、植物生物量、景观干扰指数、年生态用地转移等，对项目区域的生态安全性进行量化和评价。

3. 冬奥廊道沿线区域生态安全格局构建方法研究

本书主要通过“岛屿生物地理”平衡理论和电路理论进行生态安全格局构建方法研究。前者通过 4 个步骤筛选生态源地，然后选取评价指标，并通过主成分分析法计算权重；后者通过构建综合成本阻力面、成本加权距离表面，识别生态廊道、生态节点、生态障碍点和生态断裂点，最终构建生态安全格局，划分生态安全区。

4. 冬奥廊道沿线区域生态安全格局保护与修复技术措施

本书主要研究生态安全格局保护与修复技术措施，依据 SPSS19.0，采用因子分析法对影响因子与生态安全指数进行相关性分析，确定生态保护管控策略；利用优化热点分析工具对生态安全评价得分进行地图聚类分析，识别具有统计显著性的冷点空间位置，确定生态修复管控措施。本书还介绍了技术措施的项目实践，如河湖生态系统、林草生态系统、农田生态系统、城镇生态系统保护与修复的实施情况和效果。

1.5

技术框架

本书所总结的技术框架见图 1-2。

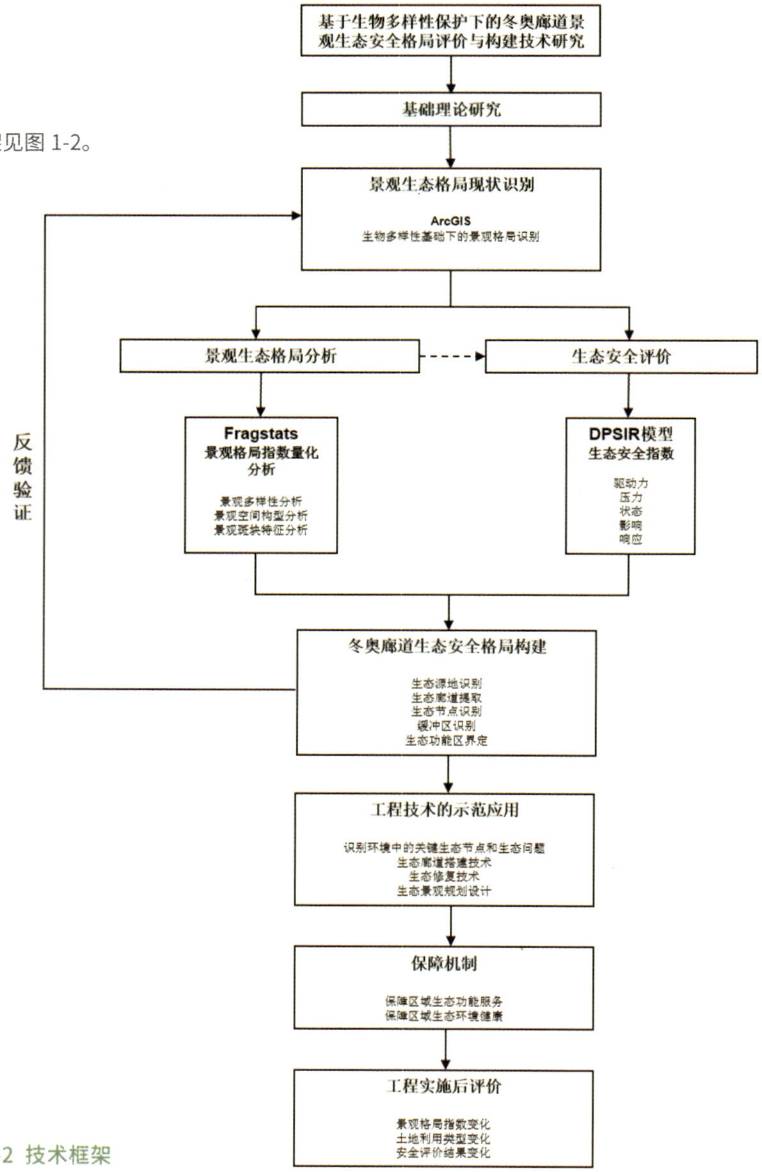

图 1-2 技术框架

图 1-3 区域景观

02

生态景观格局分析方法

ECOLOGICAL LANDSCAPE PATTERN
ANALYSIS METHODS

2.1

空间信息提取

2.1.1 遥感影像获取

本书的遥感影像来源于欧空局哥白尼数据中心。在光学数据中，哨兵 2 号数据是唯一一个在红边范围含有 3 个波段的数据，这对监测植被健康信息非常有用，适合崇礼区这种多林地、草地地区做用地分类提取，可以较为准确地区分林地、草地和耕地。根据北京冬奥会、崇礼区发展情况以及遥感影像信息为依据选择研究时间点，本书采用 2017 年和 2022 年哨兵 2 号所拍摄的崇礼区遥感影像作为研究数据。该数据可以体现申奥成功后，崇礼区的不同发展阶段的土地分布情况。因崇礼区四季分明，冬季较为寒冷，易降雪，研究以少云、天气质量好为前提，故在影像选择上以春季为研究时间段。

2.1.2 遥感影像预处理

遥感影像预处理又称图像纠正和重建，是进行土地利用分类的重要步骤，其主要目的是纠正原始图像中的几何和辐射变形，包括大气校正、几何校正、图像增强、彩色合成以及研究区域图像裁剪等，可最大限度地获取真实的图像。本书采用哨兵 2 号影像，下载时选择 L2A 级别数据。哨兵 2 号数据包含 13 个波段，分别为超蓝、蓝、绿、红、5 个可见光和近红外波段、4 个短波红外线。地面分辨力分别为 10 米、20 米和 60 米；使用 ENVI5.3 合成哨兵 2 号的 10 个常用波段（2 ～ 8A 波段，11、12 波段），地面分辨力为 10 米、20 米，将单波段合成为彩色多波段图像，并进行重采样，统一称之为 10 米空间分辨力的影像，再根据研究区域范围进行裁剪。表 2-1 为哨兵 2 号波段。

2.1.3 遥感影像处理

影像解译与分类可以得出土地利用分布图，能直观地显示土地空间格局，是空间信息提取最为核心的环节。其主要为重分类、分类后处理以及精度检验 3 个步骤。

1. 重分类

在 ENVI5.3 中运用“支持向量机”，参照《土地利用现状分类》（GB/T 21010—2017）、中国科学院“中国资源环境数据库”土地利用遥感分类体系，根据遥感影像特征研究区域特征，通过实地调研地物类别，对数据进行监督分类，将土地利用分为 5 大类、7 小类，并制作分类样本，进行分离度检验。结果显示研究区分离度较高，图 2-1 和图 2-2 为样本分离度检验界面。

表2-1 哨兵2号波段

波段	分辨力/米	中心波长/纳米	描述
B1	60	443	超蓝(沿海和气溶胶)
B2	10	490	蓝色
B3	10	560	绿色
B4	10	665	红色
B5	20	705	可见光和近红外(VNIR)
B6	20	740	可见光和近红外(VNIR)
B7	20	783	可见光和近红外(VNIR)
B8	10	842	可见光和近红外(VNIR)
B8a	20	865	可见光和近红外(VNIR)
B9	60	940	短波红外线(SWIR)
B10	60	1 375	短波红外线(SWIR)
B11	20	1 610	短波红外线(SWIR)
B12	20	2 190	短波红外线(SWIR)

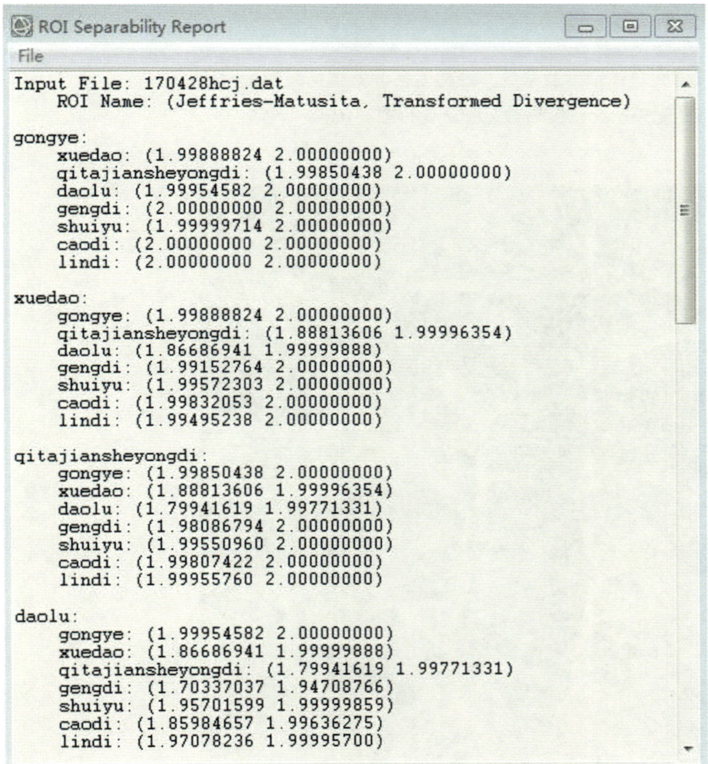

ROI Separability Report

File

```
Input File: 170428hcj.dat
    ROI Name: (Jeffries-Matusita, Transformed Divergence)

gongye:
    xuedao: (1.99888824 2.00000000)
    qitajiansheyongdi: (1.99850438 2.00000000)
    daolu: (1.99954582 2.00000000)
    gengdi: (2.00000000 2.00000000)
    shuiyu: (1.99999714 2.00000000)
    caodi: (2.00000000 2.00000000)
    lindi: (2.00000000 2.00000000)

xuedao:
    gongye: (1.99888824 2.00000000)
    qitajiansheyongdi: (1.88813606 1.99996354)
    daolu: (1.86686941 1.99999888)
    gengdi: (1.99152764 2.00000000)
    shuiyu: (1.99572303 2.00000000)
    caodi: (1.99832053 2.00000000)
    lindi: (1.99495238 2.00000000)

qitajiansheyongdi:
    gongye: (1.99850438 2.00000000)
    xuedao: (1.88813606 1.99996354)
    daolu: (1.79941619 1.99771331)
    gengdi: (1.98086794 2.00000000)
    shuiyu: (1.99550960 2.00000000)
    caodi: (1.99807422 2.00000000)
    lindi: (1.99955760 2.00000000)

daolu:
    gongye: (1.99954582 2.00000000)
    xuedao: (1.86686941 1.99999888)
    qitajiansheyongdi: (1.79941619 1.99771331)
    gengdi: (1.70337037 1.94708766)
    shuiyu: (1.95701599 1.99999859)
    caodi: (1.85984657 1.99636275)
    lindi: (1.97078236 1.99995700)
```

图 2-1 样本分离度检验界面 1

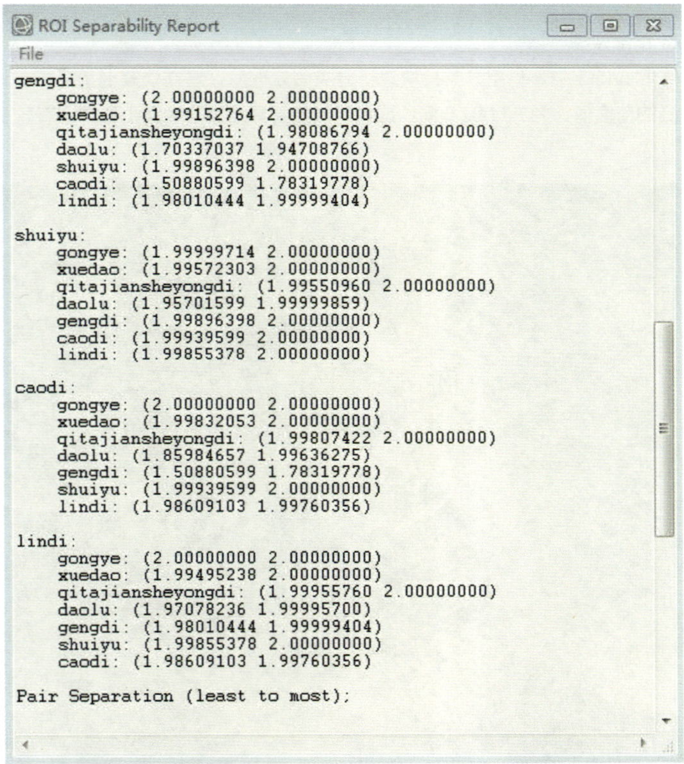

ROI Separability Report

File

```
gengdi:
    gongye: (2.00000000 2.00000000)
    xuedao: (1.99152764 2.00000000)
    qitajiansheyongdi: (1.98086794 2.00000000)
    daolu: (1.70337037 1.94708766)
    shuiyu: (1.99896398 2.00000000)
    caodi: (1.50880599 1.78319778)
    lindi: (1.98010444 1.99999404)

shuiyu:
    gongye: (1.99999714 2.00000000)
    xuedao: (1.99572303 2.00000000)
    qitajiansheyongdi: (1.99550960 2.00000000)
    daolu: (1.95701599 1.99999859)
    gengdi: (1.99896398 2.00000000)
    caodi: (1.99939599 2.00000000)
    lindi: (1.99855378 2.00000000)

caodi:
    gongye: (2.00000000 2.00000000)
    xuedao: (1.99832053 2.00000000)
    qitajiansheyongdi: (1.99807422 2.00000000)
    daolu: (1.85984657 1.99636275)
    gengdi: (1.50880599 1.78319778)
    shuiyu: (1.99939599 2.00000000)
    lindi: (1.98609103 1.99760356)

lindi:
    gongye: (2.00000000 2.00000000)
    xuedao: (1.99495238 2.00000000)
    qitajiansheyongdi: (1.99955760 2.00000000)
    daolu: (1.97078236 1.99995700)
    gengdi: (1.98010444 1.99999404)
    shuiyu: (1.99855378 2.00000000)
    caodi: (1.98609103 1.99760356)

Pair Separation (least to most);
```

图 2-2 样本分离度检验界面 2

2. 分类后处理

监督分类后结合实地调研以及卫星图像，处理小斑块和识别错误的区域，监督分类结果和分类后处理结果见图 2-3 和图 2-4。

3. 精度检验

在 ENVI5.3 中，利用分类模块进行分类后处理后，建立误差混淆矩阵，计算得到总体精度及系数。经检验各期分类结果都获得较高的精度值，为 94.091 0%，这说明影像解译结果与地面土地情况有较高的匹配关系。精度检验见图 2-5 和图 2-6。

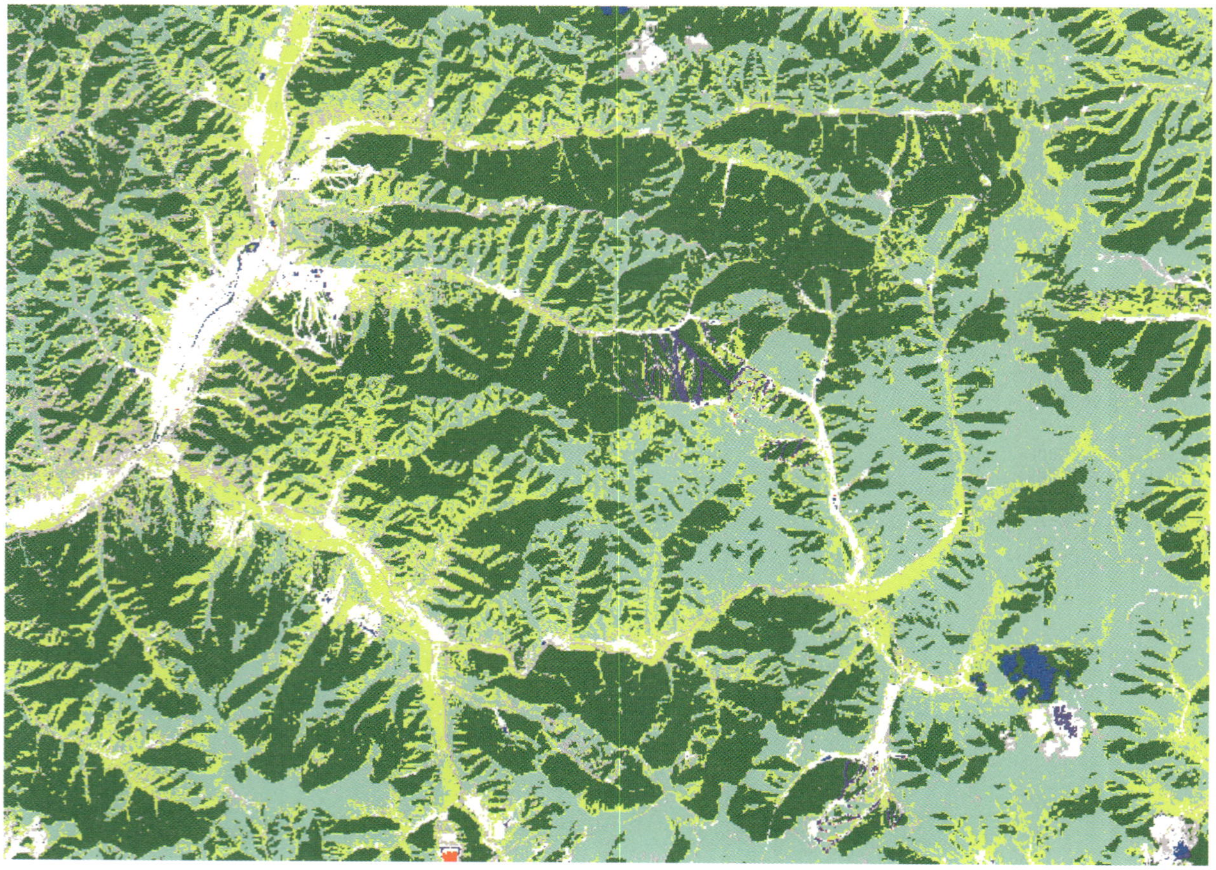

图 2-3 监督分类结果

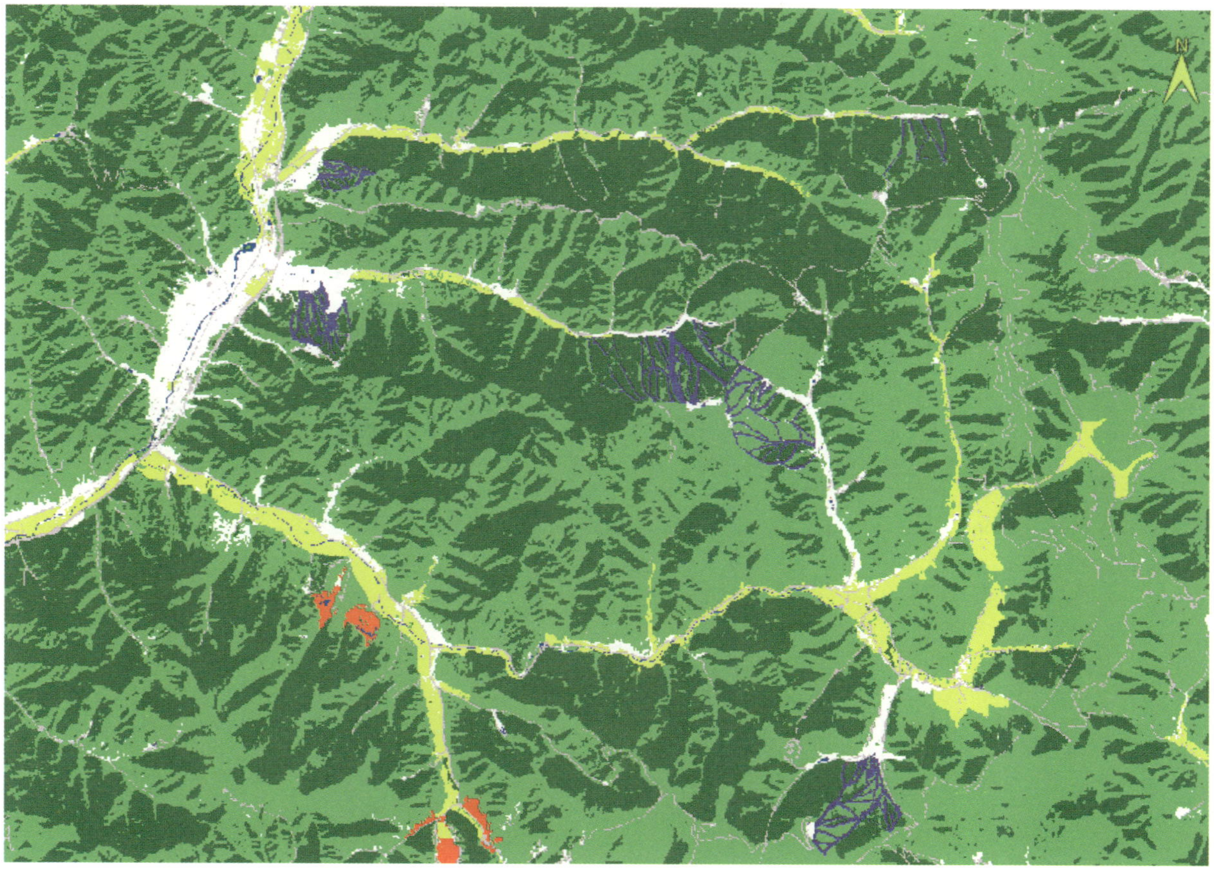

图 2-4 分类后处理结果

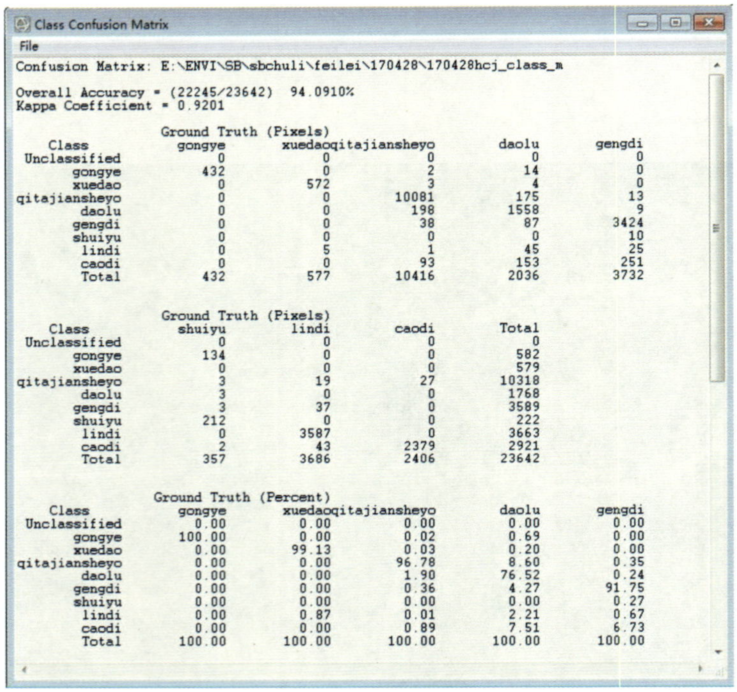

Class Confusion Matrix

File

Confusion Matrix: E:\ENVI\SB\sbchuli\feilei\170428\170428hcj_class_m

Overall Accuracy = (22245/23642) 94.0910%

Kappa Coefficient = 0.9201

Ground Truth (Pixels)

Class	gongye	xuedao	qitajiansheyo	daolu	gengdi
Unclassified	0	0	0	0	0
gongye	432	0	2	14	0
xuedao	0	572	3	4	0
qitajiansheyo	0	0	10081	175	13
daolu	0	0	198	1558	9
gengdi	0	0	38	87	3424
shuiyu	0	0	0	0	10
lindi	0	5	1	45	25
caodi	0	0	93	153	251
Total	432	577	10416	2036	3732

Ground Truth (Pixels)

Class	shuiyu	lindi	caodi	Total
Unclassified	0	0	0	0
gongye	134	0	0	582
xuedao	0	0	0	579
qitajiansheyo	3	19	27	10318
daolu	3	0	0	1768
gengdi	3	37	0	3589
shuiyu	212	0	0	222
lindi	0	3587	0	3663
caodi	2	43	2379	2921
Total	357	3686	2406	23642

Ground Truth (Percent)

Class	gongye	xuedao	qitajiansheyo	daolu	gengdi
Unclassified	0.00	0.00	0.00	0.00	0.00
gongye	100.00	0.00	0.02	0.69	0.00
xuedao	0.00	99.13	0.03	0.20	0.00
qitajiansheyo	0.00	0.00	96.78	8.60	0.35
daolu	0.00	0.00	1.90	76.52	0.24
gengdi	0.00	0.00	0.36	4.27	91.75
shuiyu	0.00	0.00	0.00	0.00	0.27
lindi	0.00	0.87	0.01	2.21	0.67
caodi	0.00	0.00	0.89	7.51	6.73
Total	100.00	100.00	100.00	100.00	100.00

图 2-5 精度检验 1

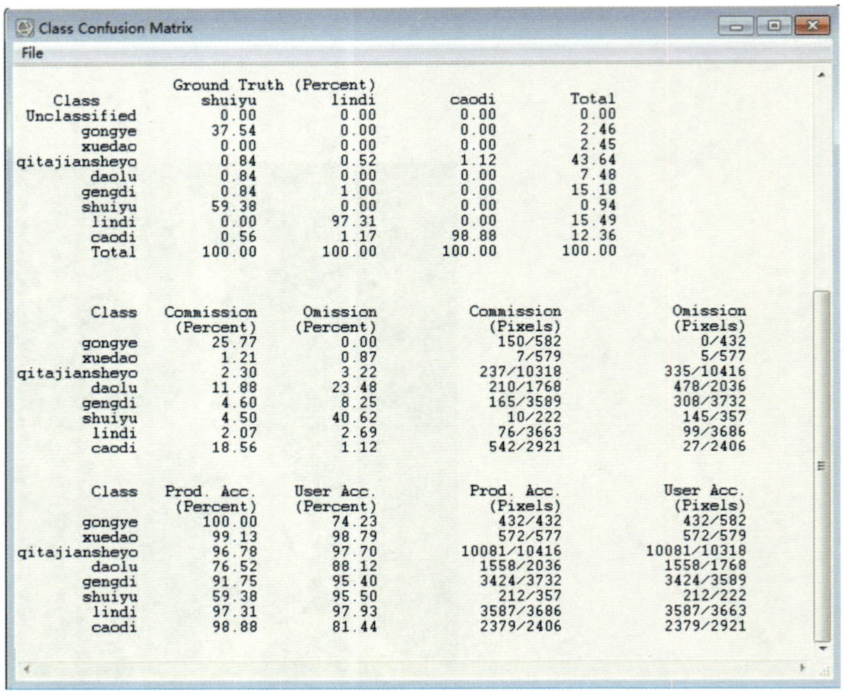

Class Confusion Matrix

File

Ground Truth (Percent)

Class	shuiyu	lindi	caodi	Total
Unclassified	0.00	0.00	0.00	0.00
gongye	37.54	0.00	0.00	2.46
xuedao	0.00	0.00	0.00	2.45
qitajiansheyo	0.84	0.52	1.12	43.64
daolu	0.84	0.00	0.00	7.48
gengdi	0.84	1.00	0.00	15.18
shuiyu	59.38	0.00	0.00	0.94
lindi	0.00	97.31	0.00	15.49
caodi	0.56	1.17	98.88	12.36
Total	100.00	100.00	100.00	100.00

Class	Commission (Percent)	Omission (Percent)	Commission (Pixels)	Omission (Pixels)
gongye	25.77	0.00	150/582	0/432
xuedao	1.21	0.87	7/579	5/577
qitajiansheyo	2.30	3.22	237/10318	335/10416
daolu	11.88	23.48	210/1768	478/2036
gengdi	4.60	8.25	165/3589	308/3732
shuiyu	4.50	40.62	10/222	145/357
lindi	2.07	2.69	76/3663	99/3686
caodi	18.56	1.12	542/2921	27/2406

Class	Prod. Acc. (Percent)	User Acc. (Percent)	Prod. Acc. (Pixels)	User Acc. (Pixels)
gongye	100.00	74.23	432/432	432/582
xuedao	99.13	98.79	572/577	572/579
qitajiansheyo	96.78	97.70	10081/10416	10081/10318
daolu	76.52	88.12	1558/2036	1558/1768
gengdi	91.75	95.40	3424/3732	3424/3589
shuiyu	59.38	95.50	212/357	212/222
lindi	97.31	97.93	3587/3686	3587/3663
caodi	98.88	81.44	2379/2406	2379/2921

图 2-6 精度检验 2

2.2

Fragstats 景观格局分析

景观格局是景观生态学研究的景观的 3 个主要特征之一，是指生态环境在人类活动的影响与驱动下，由各种景观要素在空间内相互作用而产生的生态系统，是研究空间动态变化和生态功能更替的重要依据。空间斑块是景观格局最普遍的表现形式，景观要素的组成和构型是景观格局的基本特点[40]。

2.2.1 景观格局分析的概念及应用

景观格局及其变化是自然和人为的多种因素在相互作用下产生的一定区域中生态环境体系的综合反映，其演变过程与社会经济发展有着密切的关系，其中土地利用与覆盖变化作为研究景观格局的重要因素，是影响生态服务系统的主要驱动力。同时，由于各景观格局指数相对独立，想要全面分析景观格局的动态更迭，需要对多个指数进行综合评估，景观格局进行定量分析对更好地理解环境的生态学过程、进行生态监测和评价具有极重要的作用[40]。

景观格局分析方法主要分为两类，一是景观格局指数计算，二是景观格局分析模型。景观格局指数是指能够高度浓缩景观格局信息、反映其结构组成和空间配置等方面特征的简单定量指标。由于景观格局的特征可以在 3 个层次上进行分析，因此景观格局指数亦可相应地分为斑块水平指数、斑块类型水平指数和景观水平指数 3 类。Fragstats 是由美国俄勒冈州立大学开发的一个定量分析景观结构组成和空间格局的计算机程序。其能够对前面提到的 3 类景观格局指数进行计算，并关注 8 个类别的景观特征。这 8 个类别的每一个类别中还包括很多具体指数，应用这些指数定量地描述景观格局可以对不同景观进行比较，研究这些景观在结构、功能和过程方面的异同[41]。

2.2.2 指数选择

本书通过 Fragstats 软件对张家口市崇礼区景观格局指数进行计算，将土地利用类型分布图在 ArcGIS10.2 中转化为栅格数据后，导出为 TIFF 格式并加载在 Fragstats 中，根据分析得到的景观斑块的不同性质，选取相应的指数进行计算。

在整个区域景观格局分析中，由于单个斑块景观指数的计算分析贡献较小，因此在实证研究中对景观格局指数多从类型和景观水平这两个尺度进行探讨。对景观指数的选取和评价不仅要考虑单个指数的选取和评价，同时也要结合其他景观指数和整个景观指数体系来综合分析，只用一组不相互独立的景观指数来分析景观格局并不具备太强的科学性。本书在选取景观指数时，注重选择生态意义明确、具有代表性、尽量能够全面反映景观格局的指数[42]。

2.2.3 张家口市崇礼区景观格局分析

本书对崇礼区的景观格局进行 3 方面的分析，分别为景观尺度的景观指数分析、斑块类型指数分析、斑块破碎度及异质性分析。这可以从景观生态学的角度对崇礼区的斑块类型和景观格局进行剖析，用数据来描述景观格局及其变化，并解释景观生态安全格局与生态过程之间的关系。

1. 景观尺度的景观指数分析

斑块面积（CA）不仅是斑块最主要的属性，同时也是景观格局指数的基础指数，不仅能表示某一斑块的面积总和，其值也能反映地区的物种分布、生产力水平以及能量和养分的分布情况，斑块面积越大，其提供的功能就越多。斑块总数（NP）与斑块密度（PD）不仅与景观破碎化正相关，对很多生态过程都有影响，诠释一定的生态意义，如可以决定景观中各种物种及次生种的空间分布特征，改变物种间相互作用和协调的稳定性等，并且在一定意义上能够直接反映城市景观类型的破碎化程度[40]。研究区域总面积为 468.7928 平方千米，区域内斑块种类共有 5 种，分别为耕地、林地、草地、水域、建设用地。斑块总数（NP）为 10 117 个，斑块密度（PD）为 21.535 个 / 平方千米，即 1 平方千米土地上有 21.5350 个斑块。斑块平均面积（AREA_MN）为 0.046 436 平方千米。上述指数说明研究区域单位面积内斑块数量较多，斑块密度较大，各斑块面积总体较小，景观格局总体破碎化程度较高。表 2-2 为景观指数分析数据。

景观形状指数（LSI）是一种根据景观大小调整总边缘或边缘密度的标准化度量，其值代表斑块形状的变化情况，值越大则说明景观中某斑块的形状越不规则[40]，受人类活动干扰程度越高。本区域景观形状指数（LSI）为 61.601 8，说明景观形状复杂，破碎化程度高，这是由于崇礼区境内沟谷纵横交错，地形、地质构造复杂，相对高差较大，易导致土壤退化、水土流失。

表 2-2 景观指数分析数据

基础指数		形状指数		多样性指数	
总面积（TA）/ 平方千米	469.7928	景观形状指数（LSI）	61.601 8	斑块丰富度指数（PR）	5
斑块总数（NP）/ 个	10 117	—	—	香农多样性指数（SHDI）	0.990 9
斑块密度（PD）个 / 平方千米	21.535 0	—	—	香农均匀性指数（SHEI）	0.615 7
斑块平均面积（AREA_MN）/ 平方千米	0.04643	—	—	—	—

香农多样性指数（SHDI）是一种对景观中各斑块类型非均匀分布较敏感的测量指标，若 SHDI=0，则表示整个景观由一个斑块组成；其值越大，表明斑块类型越多或者各斑块类型在景观中呈均衡化趋势分布。香农均匀性指数（SHEI）是比较不同景观或同一景观不同时期多样性变化的一个有力指标，SHEI 值较小，表示景观由一种或少数几种优势斑块类型所支配；SHEI 值趋近于 1，说明景观中没有明显的优势类型且各斑块类型在景观中均匀分布。研究区香农多样性指数（SHDI）数值为 0.990 9，说明研究区域的景观类型具有一定的丰富度，但多样性不够高。香农均匀性指数（SHEI）数值为 0.615 7，说明研究区域的景观类型斑块异质性较高，且斑块类型中有优势景观类型，斑块分布整体较为均匀。

2. 斑块类型指数分析

表 2-3 为斑块指数分析数据。从表 2-3 可以看出，在所有景观类型中，草地的斑块面积（CA）占比最大，接近 50%，属于研究区域内的优势斑块，草地为优势景观元素，林地次之，为 42%，两者是维护崇礼区生态系统稳定和生态格局安全的决定性因素。而面积最小的斑块为水域，其斑块数量和斑块密度也最小，属于研究区域的弱势斑块类型。

斑块密度（PD）可揭示景观基质被该类型斑块分割的程度，密度越高，表明某一类型在景观中的分布越广、影响越大。本区域内斑块密度的排序为草地 > 林地 > 建设用地 > 耕地 > 水域，表明草地在研究区域景观格局中分布最广、影响最大，且破碎化程度较高。

最大斑块指数（LPI）为某一斑块类型中最大斑块面积占整个景观面积的比例，是对斑块水平优势度的度量。草地斑块平均面积与林地相差较小，但最大斑块指数（LPI）约为林地的 6 倍，表明草地中有较大斑块，斑块

表 2-3 斑块指数分析数据

斑块类型	斑块面积（CA）/ 平方千米	斑块总数（NP）/ 个	斑块密度（PD）个 / 平方千米	斑块平均面积（AREA_MN）/ 平方千米	斑块所占景观面积比例（PLAND）	最大斑块指数（LPI）
草地	233.234 2	4 080	8.684 7	0.0571 65	49.646 2	24.345 9
林地	195.270 6	2 858	6.083 5	0.068 324	41.565 3	4.034 8
建设用地	25.219 7	2 416	5.142 7	0.0104 39	5.368 3	3.123 9
耕地	15.407 0	574	1.221 8	0.026 841	3.279 5	0.469 8
水域	0.661 3	189	0.402 3	0.003 499	0.140 8	0.021 7

分布较林地更集聚。建设用地面积远小于林地面积，但两者最大斑块指数相差不大，表明建设用地中有较大斑块，单一分布且较为集中。

以上指数反映研究区域内主要以植被景观为主，相对于整个区域而言人为干扰较小。

3. 斑块破碎度及异质性分析

表 2-4 为斑块破碎度及异质性分析数据。

相似邻接比例度（PLADG）和聚集度指数（AI）表示景观中某斑块类型的聚集程度，值越大，表明聚集越紧凑。经计算结果分析，相似邻接比例度（PLADG）和聚集度（AI）数值中，草地、林地的数值较其他用地类型高，可以说明崇礼区草地、林地斑块聚集度较其他类型斑块强，分布也比较集中。水域的数值最低，斑块分布也最为分散。

散布与并列指数（IJI）是描述景观空间格局最重要的指标之一，表示各个斑块类型之间的总体散布和并列情况，描述的是景观要素在研究区域内异质斑块间的分布状况，其值越小，表明该景观类型越接近于分散单一斑块类型。耕地的数值最高为 85.227 0，说明耕地分布与其他多种斑块都相邻近；林地的数值最低，为 19.332 4，说明林地与其他斑块类型邻近程度最低，这与崇礼区林地多在山坡上分布的事实相符。

景观分离度指数（SPLIT）表示景观的整体破碎化程度，该值越高，表明人类活动对景观的影响越大。从斑块结合度指数（COHESION）和景观分离度指数（SPLIT）的数值来看，草地、林地斑块聚集度较其他类型斑块强、分布比较集中，水域分布最为分散，同种斑块之间结合度不高。

表 2-4 斑块破碎度及异质性分析数据

斑块类型	景观分离度指数（SPLIT）	相似邻接比例度（PLADG）	散布与并列指数（IJI）	斑块结合度指数（COHESION）	聚集度指数（AI）
草地	14.010 9	94.935 7	50.163 5	99.875 2	94.997 9
林地	235.136 8	95.252 0	19.332 4	99.166 3	95.320 2
建设用地	1 015.470 8	85.166 2	63.601 7	99.357 6	85.336 2
耕地	21 358.852 4	90.824 9	85.227 0	98.193 3	91.057 2
水域	12 139 863.89	62.664 4	73.495 9	91.313 0	63.446 4

2.3

景观格局和生物多样性现状分析总结

基于 Fragstats 对崇礼区景观格局的分析，本书对崇礼区景观格局和生物多样性现状进行分析总结。

2.3.1 景观格局现状

基于 Fragstats 的分析可知，崇礼区景观格局现状存在以下问题。

通过景观尺度的景观指数分析可知，从斑块密度和形状指数等数据来看，研究区域整体斑块数量较多，各斑块面积较小，斑块的破碎程度较大。研究区域景观类型现状具有一定的丰富度，整体斑块分布较为均匀，斑块异质性较高。

通过斑块指数分析可知，无论是斑块面积，还是斑块平均面积，林地和草地都占有绝对的优势，耕地和水域等生态斑块所占比例较小，各斑块面积占比差异较大。

通过斑块破碎度及异质性分析可知，草地、林地斑块聚集度较其他类型斑块强，分布较为集中，而耕地、水域分布较为分散，破碎程度、分离程度均较大，人工干预明显，因此应对生态斑块加以保护。由于草地和林地的优势度过于明显，其他类型斑块较为脆弱，生态系统抗风险能力较低。

2.3.2 生物多样性现状

综上所述，由于多项工程在当地实施，建设用地类型面积增加，导致崇礼区自然环境受到影响，林地、草地和水域等生态斑块面积减少，适合生物生存和活动的栖息地的面积有所下降，斑块破碎化程度有所增加，缺乏大型生态斑块。生态斑块之间的联系过于单薄，一些工程建设如道路修建、房屋建造和其他城市设施的修建对城市内沟通斑块的生态廊道造成影响，阻止了城市斑块间的生物迁徙，无法形成系统有序的连接，导致区域内斑块与斑块之间的生物迁移、物质能量缺乏交流。景观格局不仅影响物种分布和生产力水平，还影响能量和养分的分布，从而导致生物多样性受到破坏。

由此可知，从影响物种分布和生产力水平的角度来说，应注重对草地和林地景观的保护和建设，增加水域斑块的面积，提升研究区域内斑块丰富度，促进区域内生物多样性的提高，同时增强崇礼区生态系统的抗风险能力。

03

生态安全评价方法

ECOLOGICAL SECURITY EVALUATION METHODS

本书利用 D-P-S-I-R 模型进行生态安全评价。通过生态安全评价，可以描述和反映一定时期内研究区域生态安全的影响因素。

3.1

研究方法

D-P-S-I-R 框架模型由 P-S-R 模型演变而来，1993 年由欧洲环境署（EEA）首次提出[43]。D-P-S-I-R 模型从驱动力、压力、状态、影响和响应 5 个方面描述在自然环境压力状态下人类与环境的相互作用关系，可以应用到生态安全评价指标体系建设、生态安全评价技术方法研究。它在生态评估中，为人类活动、资源、环境与可持续发展研究及其评价提供了一个基本框架，具有较强的系统性。

3.1.1 指标选取依据

D-P-S-I-R 模型 5 个基准层指标之间相互影响，体现了自然环境、人类活动以及经济发展之间的关系。驱动力指标发挥作用会对生态环境产生压力，从而达到改善生态安全状况的目的。状态指标变化会对社会经济产生各种影响，促使人们进行一系列响应类活动，改善生态环境，同时响应类活动可以减少人类活动对生态安全造成的压力与影响，帮助被破坏的生态环境得到恢复。D-P-S-I-R 模型将社会经济、生态环境、人类活动（破坏性活动与恢复性活动）联系起来，反映它们之间的相互作用。表 3-1 为 D-P-S-I-R 模型描述。

表 3-1 D-P-S-I-R 模型描述[43]

一级指标	描述
驱动力	环境变化的潜在原因（自然因素、社会因素）
压力	驱动力作用之后直接施加在环境系统之上的促使环境发生变化的各种因素，是环境的直接压力因子
状态	驱动力系统和压力系统作用下的具体表现，也是讨论影响系统和响应系统的出发点
影响	影响是自然系统所处的状态对人类健康、生态环境和社会经济的影响
响应	响应是人类为了预防、减轻或者消除不好的影响而采取的相关措施

3.1.2 指标选取原则

1. 科学性和可行性

选取评价因子要遵循科学性和可行性原则，在国家和行业规范的科学依据下，结合研究区域的环境特征，有针对性地选择评价因子，其应对评价对象有较为科学的评价和较强的说服力，并能体现出评价结果的科学性。构建评价指标体系的目的在于应用，因此指标因子选取要注意因子应较易获取、界定和操作。一般情况下，生态安全评价指标数据可通过实际监测、调研、查阅统计年鉴等方式获得。

2. 普适性和立地性

地域环境有一定的特殊性，应适当补充和调整相关的指标，使指标尽可能全面体现实际水平。因此，生态安全评价体系指标因子的选取需要具有一定的普适性。本书选取的生态安全评价因子在适应研究区域的基础上，应尽可能应用于相同区域尺度上的生态安全评价，使其生态现状及可预见的持续发展能力具有可比性。

3. 完整性和独立性

生态系统是一个有机整体，要围绕评价目的选取指标。在生态安全评价体系建立过程中，为保证评价体系的全面性，会涉及众多的评价指标，但是部分指标之间会存在关联，如果没有区分各因子的关联性问题，就会造成指标相互重叠、指标体系过于冗长，因此在构建评价体系时要保证体系的精练与全面，即要求各评价指标具有很强的独立性。

4. 尺度性和可操作性

景观生态格局最重要的内在特质之一为尺度，空间格局、生态过程和尺度之间的相互作用是景观生态学的研究核心 [44]。尤其是以“斑块—廊道—基质”基本理论范式为基础发展起来的景观指数分析手段已经成为景观格局分析的重要手段，但是景观指数在应用过程中也表现出了一定的局限性，即由于使用者缺乏对指标的深刻理解而产生误用情况。目前，关于景观结构与物种多样性以及尺度之间的关系，有很多学者从不同层次上进行了研究 [45]，但该方向的研究还尚未成熟。在构建生态安全评价指标体系过程中，研究人员一定要在尺度上考察不同的既有研究，注意指标选取与研究范围尺度的关系，不能不加思考地照搬照抄。

5. 整体性和局部性

为了对研究结果在横向上（不同区域之间）以及纵向上（不同时间节点上）进行对比，选取指标时要考虑总体指标和局部指标两种类型。总体指标是一个总值，如地区年 GDP，用于在不同年份之间进行纵向对比。局部指标在不同区域对应不同的数值，如对道路做缓冲区模拟道路的干扰情况。局部指标用于在同一时期不同区域的横向对比。

3.1.3 指标测量与分析方法

1. 量化分析方法

本书对各指标进行量化研究，采用查阅统计年鉴资料、套用公式计算指数、计算机模拟等量化方法。

2. 景观格局指数计算方法

景观生态学将景观空间分解为景观的结构和功能，景观的结构会影响景观的功能。景观空间格局可被抽解为斑块、基质、廊道 3 个要素。一系列的数学方法可以计算景观格局的状态，如计算景观破碎度、景观分离度、景观多样性等。

3. 层次分析法

层次分析法 (AHP) 是一种决策方法，将与决策有关的元素分解成目标、准则、指标等层次，根据不同的层次结构建立矩阵，判断每一层级上各元素的权重关系，在此基础上进行定性和定量分析。

4. 计算机模拟法

计算机模拟法通过计算机制图软件利用遥感数据对空间信息进行模拟分析，包括 ENVI 数据处理、ArcGIS 数据分析。

3.2

生态安全评价指标体系构建

根据对研究区域环境状况的资料收集与实地调研，本书构建基于 D-P-S-I-R 模型的生态安全评价指标体系框架。

3.2.1 指标选取与测量方法

本书从土地利用与土地覆盖、景观环境状态、资源开采、城市发展、旅游发展等角度对崇礼区的生态安全进行定性、定量研究。本研究共 15 个指标，其中：驱动力层包含 3 个指标，分别从 GDP 年增长率、人口增长率、城镇化率反映作用于研究区域生态安全变化的主要驱动力；压力层包含 4 个指标，分别从旅游活动干扰、工业生产干扰、道路交通干扰人类活动强度等方面反映城市建设与开发对环境产生的压力；状态层包含 4 个指标，以第 2 章研究成果为基础，分别从植物生物量、河流湿地缓冲带、生物多样性环境质量和生物多样性服务功能等方面分析土地环境的状态；影响层包含 2 个指标，以第 2 章研究成果为基础，分别从景观干扰指数和景观脆弱指数分析生态环境受到的影响；响应层面包含 2 个指标，从年生态用地转移和生态与环保投入占比分析环境变化产生的响应。表 3-2 为生态安全评价指标体系框架。

1. 驱动力指标

驱动力（Driving Force）指标主要指对整个模型逻辑产生根本推动作用的因素。这些因素往往是引起生态环境变化的根本原因，主要是人类建设活动和自然环境灾害等。相对于压力倾向于表征那些直接针对环境产生危害的因子，驱动力更多是指产生这些压力的根本原因，即压力因驱动力而产生 [3]。因此，根据目前已有的关于环境改变驱动力、土地利用改变驱动力及景观格局改变驱动力的相关研究，将引起改变频率较高的一些因子确定为驱动力指标，本书将 GDP 年增长率、人口增长率、城镇化率定为驱动力指标体系 [3]，见表 3-3。

2. 压力指标

压力（Pressure）指标即直接对生物多样性产生干扰与破坏作用的指标。根据已有研究，人口密度、道路交通网密度与生物多样性改变状况呈显著的相关性，人口越密集、道路交通越发达的区域越容易导致外来物种入侵与生物多样性丧失 [46-47]。工业污染同样是生物多样性的主要威胁 [48-50]。生态环境的生境破坏、过度采伐攫取、城市建设等人类行为同样对生物多样性具有明显的破坏效果，这种破坏在生态环境系统本来就脆弱的地区尤为严重。人类干扰指数可用于表征人类对自然环境的破坏程度 [49]，人类的生活活动越频繁，生物生存环境越易受到干扰。崇礼区作为北京 2022 年冬奥会承办赛区之一和北京地区的后花园，在后奥运时代及京津冀一体化建设定位中均承担了很大一部分旅游休闲职能，吸引了大量游客，游客活动集中的区域对生物生存环境造成一定的干扰。本书根据已有研究及崇礼区区位特色选定 4 个压力指标，分别为旅游活动干扰、工业生产干扰、道路交通干扰、人类活动强度。

表 3-2 生态安全评价指标体系框架

目标层 A	因子层 B	指标层 C	备注	影响
生态安全评价	D- 驱动力 /Driving Force（B1）	GDP 年增长率 C1	—	+
		人口增长率 C2	—	+
		城镇化率 C3	—	+
	P- 压力 /Pressure（B2）	旅游活动干扰 C4	—	-
		工业生产干扰 C5	—	-
		道路交通干扰 C6	—	-
		人类活动强度 C7	—	-
	S- 状态 /State（B3）	植物生物量 C8	—	+
		河流湿地缓冲带 C9	—	+
		生物多样性环境质量 C10	多样性指数 x0.5	+
			连接度指数 x0.5	
		生物多样性服务功能 C11	查表获取	+
	I- 影响 /Impact（B4）	景观干扰指数 C12	破碎度 x0.5	-
			分离度 x0.3	
			分维度 x0.2	
		景观脆弱指数 C13	查表获取	-
	R- 响应 /Response（B5）	年生态用地转移 C14	—	+
		生态与环保投入占比 C15	—	+

表 3-3 驱动力指标

指标	2017	2018	2019	2020	2021	2022
GDP 年增长率	3.60	5.70	2.30	5.10	8.00	—
人口增长率	2.10	0.70	0.20	-0.60	-0.50	—
城镇化率	44.80	46.90	48.00	54.53	55.60	—

注：数据来源于张家口市统计年鉴。

1）旅游活动干扰

人类的经济、开发、生活等活动因子和生物多样性都呈显著的负相关，人类的活动越频繁，生物生存的环境越容易受到各种人为干扰，生物多样性也就越低。人类活动类型和影响范围的增加往往伴随着生物多样性的减少[42、51-53]。根据上述研究结果，笔者选取研究区域主要滑雪场作为人类活动范围热点进行分析，由此确定研究区域旅游活动干扰影响，见表 3-4。

2）工业生产干扰

工业生产对环境产生较大影响，除了生产过程消耗资源直接对生态环境产生破坏外，生产中产生的噪声、废弃物、粉尘等同样会对环境产生破坏。研究区域的工业种类主要为矿山工业，对环境的干扰很大，见表 3-5。

3）道路交通干扰

关于道路缓冲区对生态功能的影响，本书从既往研究中的道路对景观格局的影响、对生态因子的影响、对景观多样性的影响等几个方面进行总结，得出本研究区域道路缓冲区的影响分级，见表 3-6 和表 3-7。

表 3-4 旅游活动干扰影响

指标	影响范围 / 米	影响评价
旅游活动干扰	＞1 000	5
	500 ～ 1 000	4
	250 ～ 500	3
	100 ～ 250	2
	＜100	1

表 3-5 工业生产干扰

指标	影响范围 / 米	影响评价
工业生产干扰	＞ 2 000	5
	1 000 ～ 2 000	4
	500 ～ 1 000	3
	100 ～ 500	2
	＜ 100	1

表 3-6 道路缓冲区对生态功能的影响 [42]

道路缓冲区生态功能		缓冲区距离
道路对小型兽类及鸟类生境利用的影响	小型兽类生境	400 米
	鸟类生境	400 米
铁路建设对景观格局的影响		2 000 米
道路对自然保护区景观结构的影响		每 200 米设置一个缓冲带，共 10 个
道路对生态因子的影响范围		最短范围：100 米
		平均范围：600 米
		最长范围：1 000 米
道路缓冲区对景观格局风险指数的影响		100 米
道路缓冲区对景观多样性指数的影响		500 米内急剧增长
		500 米外缓慢增长
		每 1 000 千米设置一个缓冲带，随着距离增加，景观多样性指数增加

4）人类活动强度

人类活动对生境多样性产生影响，进而影响植物群落结构和生物多样性，人类的活动改变了生态系统的稳定性，影响物种的生存条件和生活习性，人为的干预使得植物多样性也发生了变化。本研究参考已有研究[42]，根据不同用地类型确定不同的人类活动强度等级，见表 3-8。

3. 状态指标

状态（State）指标反映的是生态环境的状态或趋势，是生态系统中各成分的背景值或底值，即先天的生态资源禀赋，它从本质上影响了生物多样性。研究认为，生态系统背景值越大，生态系统越安全[49]。生态环境系统状态在区域环境驱动力和压力的双重作用下会发生可测得的理化变化[54]，这为量化生态系统状态提供了切入点。在深入分析生物多样性的概念内涵和研究区域实际情况的基础上，本书参考既有研究确定状态指标[3]。

表 3-7 道路交通干扰影响

指　标	影响范围 / 米	影响评价
道路交通干扰	＞ 500	5
	200 ～ 500	4
	50 ～ 200	3
	20 ～ 50	2
	＜ 20	1

表 3-8 人类活动强度影响

指标	用地类型	影响评价
人类活动强度	水体	5
	林地	4
	草地	3
	耕地	2
	建设用地	1

1）植物生物量

本书采用植被覆盖度估算植物生物量。

2）河流湿地缓冲带

根据调研，研究区域内河流水系属于微、小流域水系。小流域通常是指二、三级支流以下以分水岭和下游河道出口断面为界，集水面积在 50 平方千米以下的相对独立和封闭的自然汇水区域。在水利上，其通常指面积小于 50 平方千米或河道基本在一个县属范围内的流域。根据小流域河流湿地缓冲带的生态作用，可确定河流湿地缓冲带的宽度。河流湿地缓冲带的影响见表 3-9。

表 3-9 河流湿地缓冲带影响

指标	影响范围 / 米	影响评价
河流湿地缓冲带	＞500	5
	100~500	4
	50~100	3
	20~50	2
	＜20	1

河流湿地是水陆生态系统交汇作用形成的过渡地带与交错区域，具有典型的生态脆弱性和反应敏感性特征。同时，作为重要的湿地景观类型之一，河流湿地可以发挥调节气候、涵养水源、蓄洪防旱、持水保土、净化水体、生境提升和生物资源保护等多项功能有效性。其主要由一定宽度的河水、河岸土壤 (沉积物) 和植物群落构成，可在流域物质循环中起到媒介作用，增强沿河生态斑块的景观异质性。基于生态系统生态学的理论，河流湿地需要包含适当宽度的缓冲带，才能保证其功能有效发挥，进而为各类生物提供适生环境和立地条件。笔者参考整理了多位学者对于河流廊道的宽度研究结果 [55-58]，不同学者得出的结论表明，能够有效地体现生态功能时，河岸的植被宽度应不小于 30 米，为了能够控制水土流失，河岸植被的宽度应不小于 80 米。

3）生物多样性环境质量

生物多样性环境质量选用香农多样性指数 (SHDI) 和连接度指数共同决定。香农多样性指数 (SHDI) 的计算公式为：

$$H=-\sum P_i \ln P_i \tag{3-1}$$

式中：P_i——斑块类型 i 占景观面积的比例。

SHDI 是一种基于信息理论的测量指数，在生态学中应用很广泛。该指标能反映景观异质性，特别对景观中各斑块类型非均衡分布状况较为敏感，即强调稀有斑块类型对信息的贡献，这也是与其他多样性指数的不同之处。在比较和分析不同景观或同一景观不同时期的多样性与异质性变化时，SHDI 也是一个敏感指标。如在一个景观系统中，土地利用越丰富，破碎化程度越高，其不定性的信息含量也越大，计算出的 SHDI 值也就越高。景观生态学中的多样性与生态学中的物种多样性有紧密的联系，但并不是简单的正比关系，研究发现在同一景观中二者的关系一般呈正态分布。本书将以每个栅格（30 米 x30 米）为中心，以 1 000 米 x1 000 米的范围内的景观香农多样性指数的平均值作为该栅格的值。

连接度指数（CONNECT）反映的是景观组分之间的功能连接性。景观组分之间存在若干功能连接点，当景观组分结构有利于景观组分之间的连接时，则功能性连接点的连接比例较高，有利于物质、能量和信息等生态流在景观格局之间运行。连接度指数的计算公式为：

$$\text{CONNECT}=\frac{\sum_{j=k}^{n}C_{\text{ijk}}}{\frac{n_{\text{i}}(n_{\text{i}}-1)}{2}}\times 100 \tag{3-2}$$

式中：C_{ijk} ——在临界距离之内的与斑块类型 i 相关的斑块 j 与 k 的连接状况；

n_{i} ——景观中斑块类型 i 的斑块数量。

连通度指数等于某类斑块中所有斑块之间的节点数目（斑块 j 与 k 连接时，$C_{\text{ijk}}=1$；反之，$C_{\text{ijk}}=0$）除以所有可能的节点数目。连接度指数的取值范围为［0，100］，斑块的连通性越高，连接度指数越大。

4）生物多样性服务功能

谢高地等构建了一种基于专家知识的生态系统服务价值化方法——当量因子法，该方法以量化的数值来表示城市中不同类型土地利用的生态服务功能和社会服务功能的价值当量，然后结合所需要的各用地类型的面积进行估算和评价 [59]。本书研究景观生态格局下的生物多样性保护，在谢高地的研究基础上，根据区域土地利用类型重新分类，并选取生物多样性服务当量数值为参考标准，用面积进行加权，计算后得出最终结果。表 3-10 为生物多样性服务功能。

4. 影响指标

影响（Impact）主要表征生物多样性受到干扰破坏之后所产生的变化状况。该指标直接反映生物多样性的状况。本书参考既往研究结果选定景观干扰指数、景观脆弱指数作为影响指标 [39]。

1）景观干扰指数

景观干扰指数（G_{i}）表示 i 类土地景观抵抗外界干扰的能力和自我恢复能力。景观格局所受的人为和自然的干扰强度越大，整个土地景观生态系统敏感性越强，其景观生态风险也越大。景观干扰指数受景观破碎度指数（C_{i}）、景观分离度指数（K_{i}）、景观分维度指数（D_{i}）共同影响 [60]，计算公式为：

表 3-10 生物多样性服务功能

指标	用地类型	当量
单位面积生物多样性服务功能当量	水体	2.55
	林地	2.60
	草地	2.18
	耕地	0.13
	建设用地	0.01

$$G_i = W_1 \times C_i + W_2 \times K_i + W_3 \times D_i \quad (3\text{-}3)$$

式中：W_1、W_2、W_3——景观破碎度、景观分离度、景观分维度 3 个景观指数的权重值，结合相关研究成果分别赋值 0.5、0.3、0.2；

i——特定的土地覆盖类型。

景观破碎度指数、景观分离度指数、景观分维度指数计算公式见表 3-11。景观破碎度表征景观被分割的破碎程度，在一定程度上反映景观的人为干扰强度。破碎度越大，景观安全性越小。

景观分离度表征景观类型中斑块个体的分离程度。其值越大，斑块分离性越高，抵御风险的能力越小，景观安全性越低。

表 3-11 相关计算公式

指标	计算公式	参数含义
景观破碎度指数（C_i）	$C_i = N_i / A_i$	C_i 为景观 i 的破碎度，N_i 为景观 i 的斑块数，A_i 为景观 i 的总面积
景观分离度指数（K_i）	$K_i = W_i / B_i$ （其中：$W_i = \frac{1}{2}\sqrt{\frac{N_i}{A}}$，$B_i = \frac{A_i}{A}$）	K_i 为景观类型 i 的分离度，W_i 为景观类型 i 的距离指数，B_i 为景观类型 i 的面积指数。N_i 为景观类型 i 的斑块总数，A_i 表示景观类型 i 的总面积，A 表示景观的总面积
景观分维度指数（D_i）	$D_i = \frac{2\log(P/4)}{\log(A)}$	P 为斑块的周长 A 为斑块的面积

景观分维度表征在一定的观测尺度上斑块和景观格局的复杂程度，也可反映人类活动对景观格局的影响。分维度理论值范围常在 1 ～ 2 之间，越接近 2，代表一种自相关为 0 的随机布朗运动的形状越处于最不稳定的状态。1 代表形状最简单的正方形斑块，2 表示等面积下周边最复杂的斑块。

2）景观脆弱指数

景观脆弱指数的数值大小与区域景观抵抗外界干扰能力的程度成反比。本书依据各土地类型结构组成形成的土地利用稳定性、自身的敏感性、脆弱性及分布集中性，参考相关研究成果 [60-62]，将各土地利用类型的脆弱指数值进行赋值及排序。景观脆弱指数见表 3-12。

表 3-12 景观脆弱指数

指标	用地类型	指数值	等级
景观脆弱指数	水体	0.56	1
	林地	0.21	4
	草地	0.33	3
	耕地	0.44	2
	建设用地	0.10	5

5. 响应指标

响应（Response）是指人类社会在认识到自然生态系统受自然环境及人类社会的正负影响作用后，所做出的针对自然生态系统状况的修复改善措施，如生态修复、保护地建立、生态廊道构建、法律法规完善及环保宣传等。响应是人类社会从主动正向的角度对生态环境系统做出的包括限制人类经济活动、自我集约节约资源、改善生态产品供需关系及增加环境保护与修复投资等在内的，以降低人类社会对生态环境的负面干扰和破坏为目标的一系列正面影响措施。根据相关研究，本书确定年生态用地转移、生态与环保投入占比为响应指标体系 [42]。

1）年生态用地转移

通过土地利用转移矩阵，计算不同年份间的土地转移情况，依次根据用地生态功能提高、用地性质未发生变化、用地生态功能降低对不同转移情况进行赋值，见表 3-13。

表 3-13 土地利用转移矩阵

	草地	道路	耕地	工业	林地	其他建设用地	水体
草地	3	1	2	1	4	1	5
道路	4	3	4	2	5	2	5
耕地	4	2	3	1	5	2	5
工业	4	3	4	3	5	3	5
林地	2	1	2	1	3	1	5
其他建设用地	4	3	4	2	5	3	5
水体	2	1	2	1	2	1	3

2）生态与环保投入占比

从人对生态环境的投入力度构建生态环境的响应层面，从设计经济角度衡量生态建设强度。

$$\mathrm{IEC} = EI/G \tag{3-4}$$

式中：EI——生态建设投资金额；

G——国民生产总值。

IEC 指数越大，生态建设投入越强，人类对生态环境建设的响应程度越高。表 3-14 为张家口市生态与环保投入占比数据。

3.2.2 标准化处理

15 个指标因为各自的算法不同具有不同的取值范围、统计单位和数值意义，因此需要对所收集的数据进行标准化 [63] 处理，对变量指标值与生态安全情况呈正相关的情况（即指标数值越大，环境越安全）与负相关的情况分别采用不同的公式进行计算，见表 3-15。

本书研究起始时间为 2017 年春季，截止时间为 2022 年春季，对于用于纵向对比的总体性指标如 GDP 年增长率、人口增长率、城镇化率、生态与环保投入占比，取 2017—2021 年各年年末数据进行标准化处理，使其得以在不同年份之间进行比较的同时能够纳入生态安全评价的体系中。标准化处理结果见表 3-16。

表 3-14 张家口市生态与环保投入占比数据

年份	2017	2018	2019	2020	2021	2022
年 GDP/ 万元	295 616	313 690	326 751	341 211	371 770	—
环境保护资金 / 万元	883.38	1 360.96	658.31	300.00	180.00	—
林业和草原建设资金 / 万元	24 632.63	4 625.72	7 630.24	9 728.80	5 026.45	—
生态与环保投入占比 /%	8.63	1.91	2.54	2.94	1.40	—

注：数据来源于张家口市统计年鉴及张家口市崇礼区政府公开的预算数据。

表 3-15 各指标标准化处理公式

正相关	$r_{ij}=\dfrac{X_{ij}-X_{min}}{X_{max}-X_{min}}$，$R_{ij}=r_{ij}\times 5$
负相关	$r_{ij}=\dfrac{X_{max}-X_{ij}}{X_{max}-X_{min}}$，$R_{ij}=r_{ij}\times 5$
说明：X_{min} 数据组最小值，X_{max} 数据组最大值，X_{ij} 数据组当前值。	

表 3-16 各指标标准化处理结果

指标	2017	2018	2019	2020	2021	2022
GDP 年增长率 /%	1.14	2.98	0.00	2.46	5.00	—
人口增长率 /%	5.00	2.41	1.48	0.00	0.19	—
城镇化率 /%	0.00	0.97	1.48	4.50	5.00	—
生态与环保投入占比 /%	5.00	0.35	0.79	1.06	0.00	—

3.2.3 指标分级

指标分级结果见表 3-17。

表 3-17 指标分级结果

指标	高	较高	中	较低	低	备注
GDP 年增长率	标准化处理					+
人口增长率	标准化处理					+
城镇化率	标准化处理					+
旅游活动干扰	＞1 000	500～1 000	250-500	100～250	＜100	—
工业生产干扰	＞2 000	1 000～2 000	500～1 000	100～500	＜100	—
道路交通干扰	＞500	200～500	50～200	20～50	＜20	—
人类活动强度	水体	林地	草地	耕地	建设用地	—
植物生物量	5	4	3	2	1	+
河流湿地缓冲带	＞500	100～500	50～100	20～50	＜20	+
生物多样性环境质量	5	4	3	2	1	+
生物多样性服务功能	5	4	3	2	1	+
景观干扰指数	5	4	3	2	1	—
景观脆弱指数	建设用地	耕地	草地	林地	水体	—
年生态用地转移	5	4	3	2	1	+
生态与环保投入占比	标准化处理					+

3.2.4 权重确定

指标权重主要指采用主观或客观的方法对众多的评价做度量，在对应的指标不发生改变的情况下，从而有效地表明其中的某个指标因发生变化而对相应的最终结果产生的影响。当前的赋权方法有主观的综合集成赋权法和客观的赋权法。本书采用主观分析法，利用层次分析法明确指标的权重。层次分析法集合了定性和定量的双重特征，能够有效地将复杂体系转换成多层次的结构，进而逐层分析并明确各要素之间的权重值。这种分析方法比较简单，容易操作，适用于指标体系相对简单的结构。

1. 判断矩阵原理

层次分析法（AHP）是根据人们对每一层各个因素相对重要性的判断，建立判断矩阵，最终得出各指标的权重。假定 A 层中某要素 A_K 与 B 层次中的要素 B_1，B_2，$B_3 \cdots B_n$ 有关系，那么便可以构建判断矩阵 [64]，见表 3-18。

表 3-18 判断矩阵

A_K	B_1	B_2	…	B_n
B_1	b_{11}	b_{12}	…	b_{1n}
B_2	b_{21}	b_{22}	…	b_{2n}
…	…	…	…	…
B_n	b_{n1}	b_{n2}	…	b_{nn}

B_i 对 B_j 的相对重要性用数值表示，通常为“1，3，5，7，9”及其倒数，含义分别为“一样重要，重要一点，重要，重要得多，极端重要”，同样“2，4，6，8”也是类似的含义。建立矩阵之后进行层次单排序，计算权重值，方法如表 3-19。

表 3-19 计算方法一

B 层的元素按行相乘	$u_{ij}=\prod_{j=1}^{n} b_{ij}$
所得乘积分别开 n 次方	$u_i=\sqrt[n]{u_{ij}}$
求得权重值	$W_i=\dfrac{u_i}{\sum_{i=1}^{n} u_i}$

求得权重值之后还要对判断矩阵的一致性进行检验，方法是将一致性指标 C_i 与平均随机一致性指标 R_i 进行对比，得到判断矩阵的随机一致性比 C_R，当 C_R<0.1 时满足一致性，否则需要调整矩阵，具体计算方法如表 3-20。

2. 权重结果

利用 AHP 权重计算软件可以很方便地构建判断矩阵，确定权重。邀请专家从业者 10 名（各专家评价矩阵见附录一），初步对选取的 15 项指标层与 5 个因子层进行同层次的两两对比和打分，一致性检验通过（C_R<0.1）得到最终判断矩阵和权重结果，见表 3-21 ～表 3-24。

因子层 B_4、B_5 由于指标数少于 3 个，其各指标权重值直接参考既往研究。

3. 权重调整

为了进一步确保权重的可靠性和合理性，本书通过参考相关评价体系 [3][43][65] 与专家意见初步对初步权重结果进行调整，最终权重结果见表 3-25 和图 3-1。

表 3-20 计算方法二

计算最大特征根	$I_{\max} = \sum_{i=1}^{n} \frac{(AW)_i}{nW_i}$
计算一致性指标	$C_i = \frac{I_{\max} - n}{n-1}$
计算判断矩阵的随机一致性比	$C_R = \frac{C_i}{R_i}$

表 3-21 因子层判断 *A-B* 权重矩阵

A	B_1	B_2	B_3	B_4	B_5	W_i
B_1	—	0.20	0.17	0.26	1.20	0.060 6
B_2	4.96	—	0.40	2.01	3.66	0.255 3
B_3	6.01	2.48	—	3.46	5.03	0.457 7
B_4	3.83	0.50	0.29	—	2.46	0.159 4
B_5	0.84	0.27	0.20	0.41	—	0.067 1
C_R=0.026						

表 3-22 指标层驱动力指标判断 B_1-C 权重矩阵

B_1	C_1	C_2	C_3	W_i
C_1	—	1.60	0.34	0.228 6
C_2	0.63	—	0.29	0.158 8
C_3	2.97	3.48	—	0.612 6
C_R=0.011				

表 3-23 指标层压力指标判断 B_2-C 权重矩阵

B_2	C_4	C_5	C_6	C_7	W_i
C_4	—	0.56	0.30	0.37	0.109 8
C_5	1.78	—	0.37	0.41	0.158 7
C_6	3.28	2.68	—	1.31	0.402 0
C_7	2.73	2.45	0.77	—	0.329 4
C_R=0.009					

表 3-24 指标层状态指标判断 B_3-C 权重矩阵

B_3	C_8	C_9	C_{10}	C_{11}	W_i
C_8	—	3.46	2.97	1.99	0.456 0
C_9	0.29	—	1.37	0.33	0.131 3
C_{10}	0.34	0.73	—	0.51	0.128 4
C_{11}	0.50	3.00	1.95	—	0.284 3
C_R=0.026					

表 3-25 各指标权重

目标层 A	因子层 B	权重	指标层 C	备注	权重	总权重
生态安全评价	D-驱动力/Driving Force (B_1)	0.05	GDP 年增长率 C_1	—	0.25	0.012 5
			人口增长率 C_2	—	0.25	0.012 5
			城镇化率 C_3	—	0.50	0.025 0
	P-压力 / Pressure (B_2)	0.25	旅游活动干扰 C_4	—	0.21	0.052 5
			工业生产干扰 C_5	—	0.21	0.052 5
			道路交通干扰 C_6	—	0.32	0.080 0
			人类活动强度 C_7	—	0.26	0.065 0
	S-状态 / State (B_3)	0.4	植物生物量 C_8	植被覆盖度 NDVI	0.34	0.136 0
			河流湿地缓冲带 C_9	—	0.23	0.092 0
			生物多样性环境质量 C_{10}	多样性指数	0.15	0.060 0
				连接度指数		
			生物多样性服务功能 C_{11}	查表获取	0.28	0.112 0
	I-影响 / Impact (B_4)	0.25	景观干扰指数 C_{12}	破碎度 x0.5	0.50	0.125 0
				分离度 x0.3		
				分维度 x0.2		
			景观脆弱指数 C_{13}	查表获取	0.50	0.125 0
	R-响应 / Response (B_5)	0.05	年生态用地转移 C_{14}	—	0.58	0.029 0
			生态与环保投入占比 C_{15}	—	0.42	0.021 0

3.2.5 权重评价结果

最终根据评价得分将研究区域的生态安全性分为 5 个级别，具体见表 3-26。

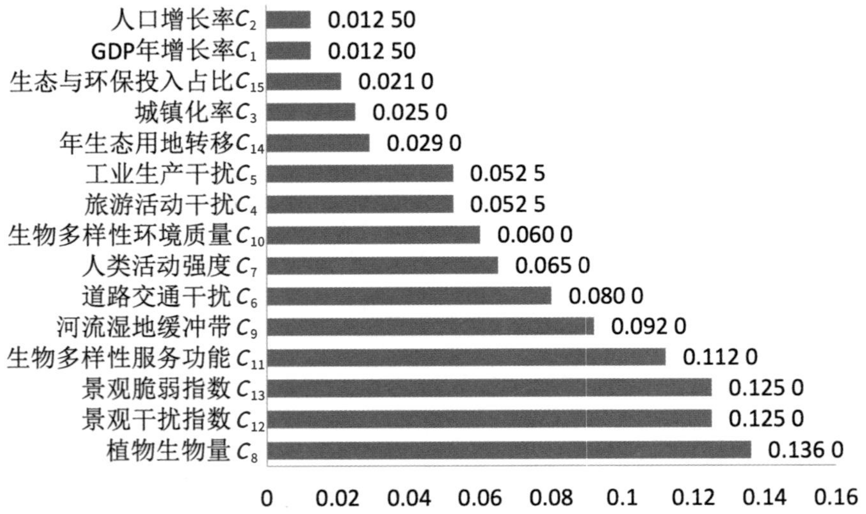

图 3-1 权重结果

表 3-26 评价结果

得分	分级	描述
0～1	不安全	生态安全性低，生态抵抗能力与自身恢复能力较弱，具有较高的生态风险特征，生态系统服务价值也很弱，加上自然气候与社会矛盾等引起的严重生态环境问题，生态的自我恢复功能严重受损，需要借助人工技术进行恢复，否则将影响人类正常的生活和经济发展
1～2	欠安全	生态安全性较低，此区域生态环境表现出较高的风险性并产生较大的压力，与此同时，生态的可恢复能力较差，相对于压力低的地方表现出明显的生态环境问题，潜在的环境威胁对整体的恢复产生巨大的阻力，一般恢复能力较弱，无法承载过多的生态服务功能
2～3	较安全	生态安全性适中，生态弹性与生态系统的服务价值处于中等水平，具有一定的生态风险性，在相应的情况下面临的干扰也不是很大，对于其产生的生态问题，只要及时加以修复与保护就能够发挥生态效益
3～4	安全	生态安全性较高，生态的自我修复能力较强，生态风险性较低，有较高的生态系统服务价值；可以有效地抵抗外界干扰，内部压力变化较小，存在一定潜在的威胁，可能会导致相应的承载力过高，可以有效调节区域生态环境
4～5	很安全	生态安全性高，具体表现为没有明显的生态风险因子出现，生态系统服务价值高，应对外部环境变化具有较强的抵抗力，具有较强的自我恢复能力

3.3 冬奥廊道生态安全评价

3.3.1 驱动力评价结果

本书收集处理驱动力因子数据，将标准化处理结果乘以相应的权重得出驱动力评价结果，见表 3-27。

表 3-27 驱动力评价结果

年份	2017	2018	2019	2020	2021	2022
GDP 年增长率	0.285 0	0.745 0	0.000 0	0.615 0	1.250 0	—
人口增长率	1.250 0	0.602 5	0.370 0	0.00 0 0	0.047 5	—
城镇化率	0.00 0 0	0.485 0	0.74 0 0	2.250 0	2.500 0	—

注：数据来源于张家口市统计年鉴。

3.3.2 压力评价结果

本书选取研究区域主要滑雪场——云顶滑雪公园、太舞滑雪场、长城岭滑雪场、银河滑雪场、富龙滑雪场作为人类活动范围热点进行分析，确定研究区域游客活动影响范围（图 3-2）和研究区域内的矿山工业对研究区域的影响（图 3-3）。

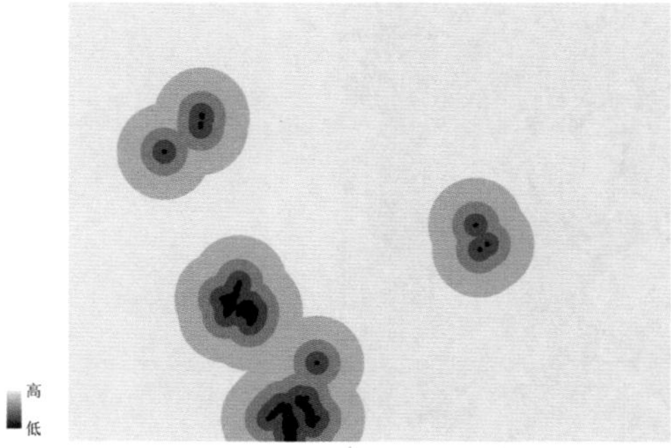

图 3-2 旅游活动干扰影响分级图

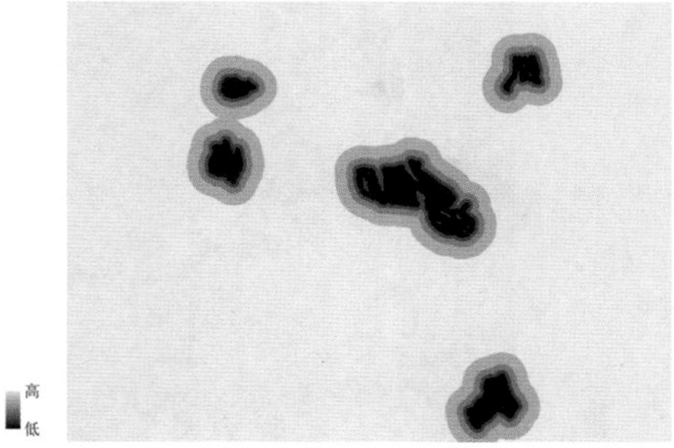

图 3-3 工业生产干扰影响分级图

研究区域内道路交通对整个区域的影响分级见图 3-4。根据用地类型的不同，确定不同的人类活动强度影响分级，见图 3-5。各单因子根据各自权重形成压力层影响分级，结果为：山间道路及城镇地块等级较低（生态压力较大），山上人类活动较少的地块等级较高（生态压力较小），见图 3-6。

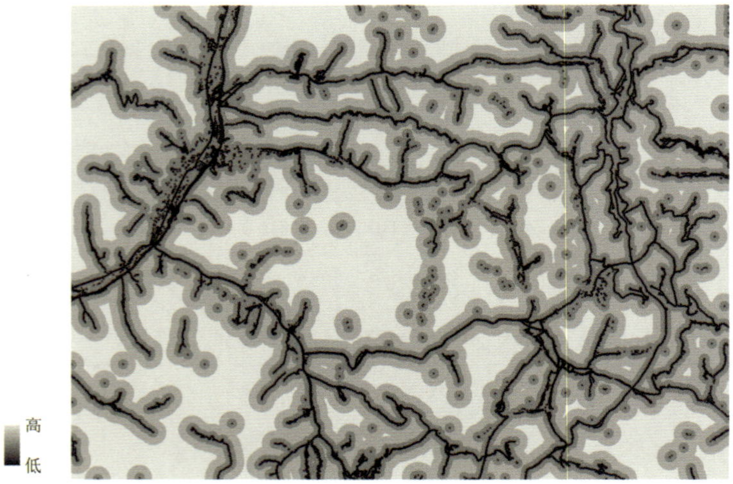

图 3-4 道路交通干扰影响分级图

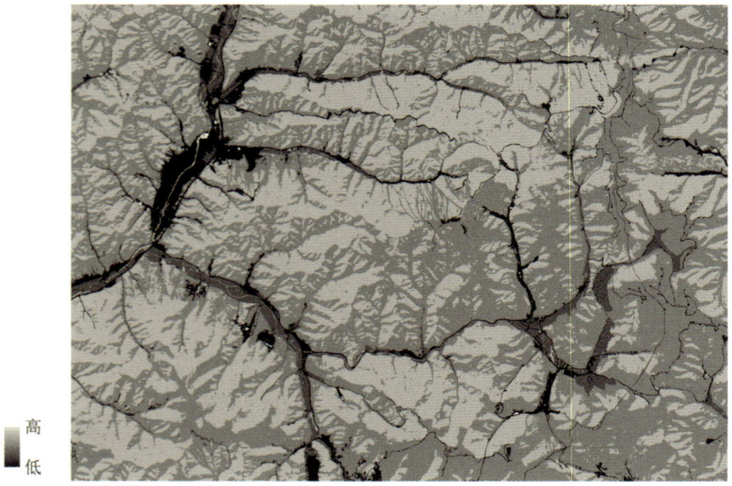

图 3-5 人类活动强度影响分级图

3.3.3 状态评价结果

本书采用植被覆盖度估算植物生物量，结果见图 3-7。山上植被丰富的地区植物生物量较高，城镇建成区的植物生物量较低。

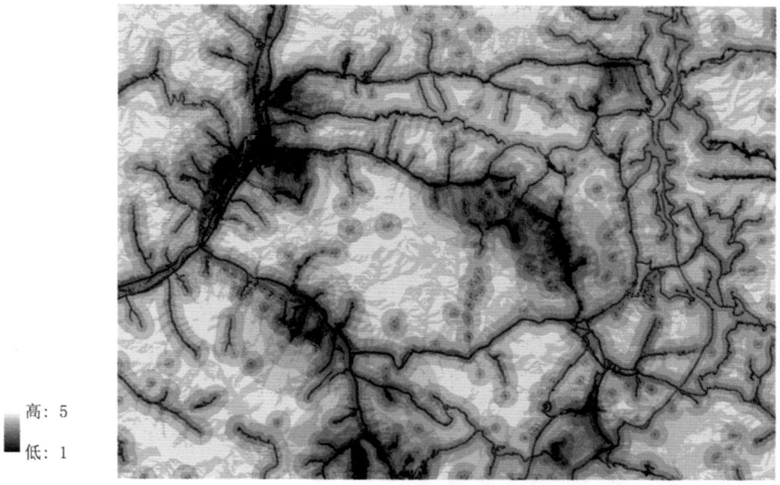

图 3-6 压力层影响分级

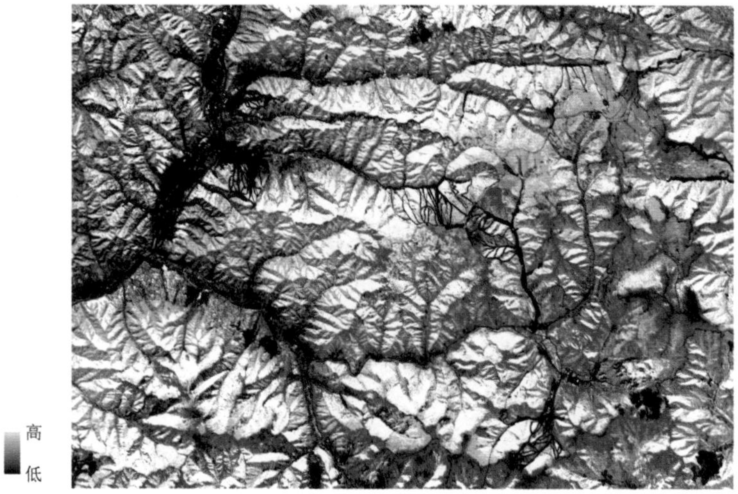

图 3-7 植物生物量分级图

研究区域内有两条河流和一些大小坑塘，河流湿地缓冲带影响分级见图 3-8。生物多样性环境质量指标利用 Fragstats 计算的生物多样性指数和连接度指数，根据权重综合得出生物多样性环境质量指数分级，结果见图 3-9 ～图 3-11。

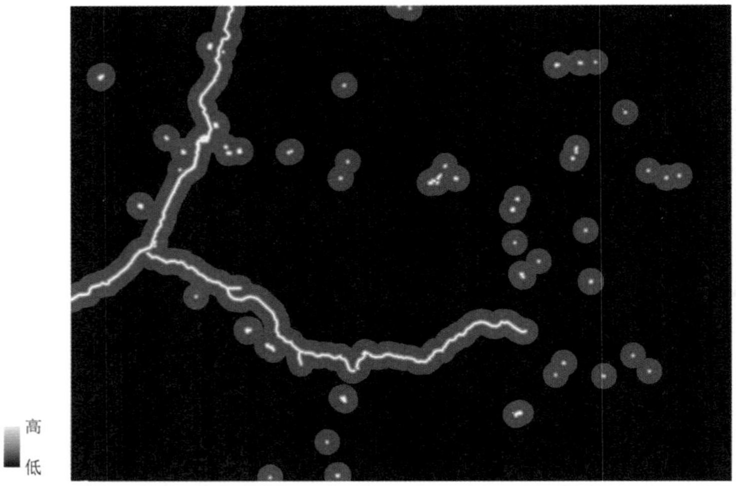

图 3-8 河流湿地缓冲带影响分级图

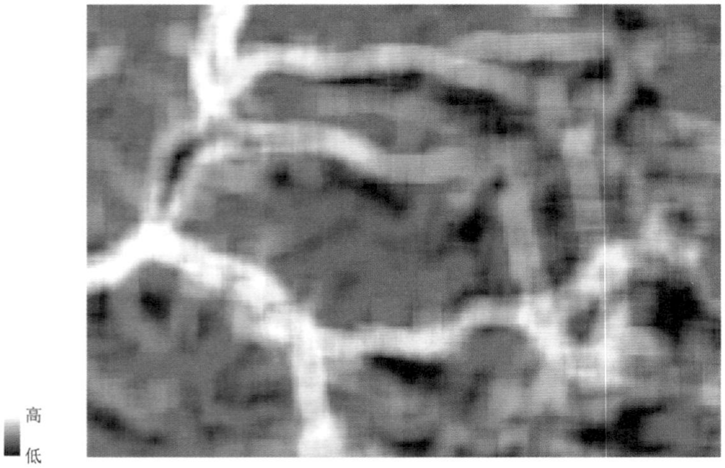

图 3-9 生物多样性指数分级图

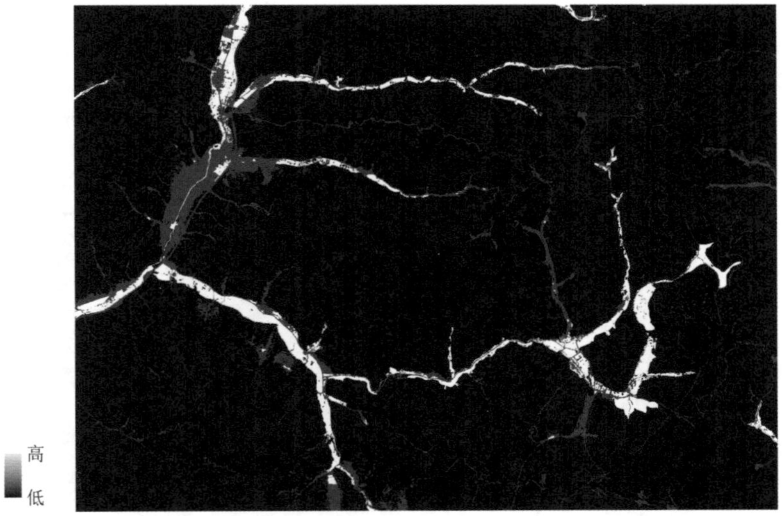

图 3-10 连接度指数分级图

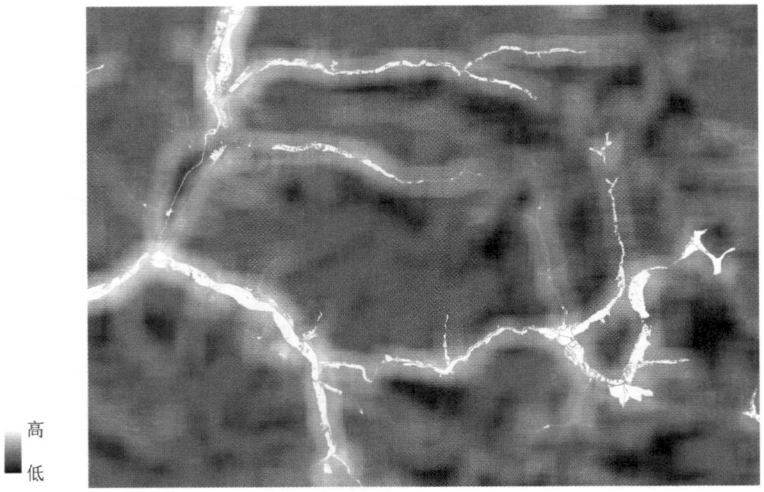

图 3-11 生物多样性环境质量指数分级图

以生物多样性服务当量数值为参考标准，用面积进行加权，进行计算得出功能影响分级，结果见图 3-12。

各单因子根据各自权重形成状态层影响分级，结果为：研究区域东侧和西侧建设区域等级较低（生态安全状态较差），北侧和南侧山体区域等级较高（生态安全状态较好），见图 3-13。

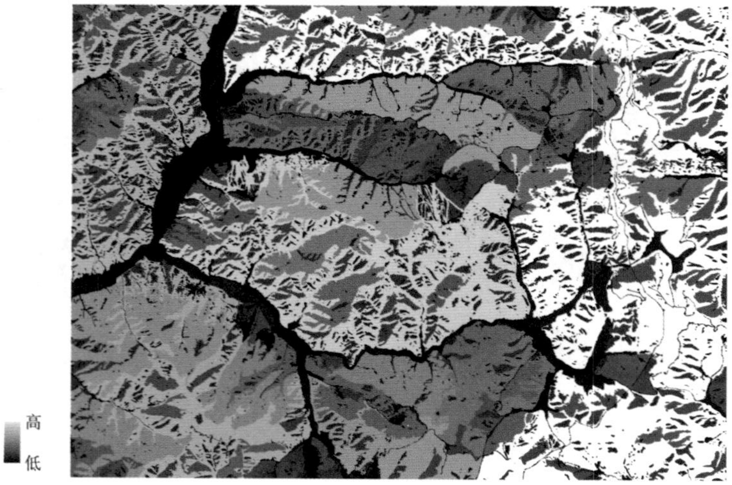

图 3-12 生物多样性服务功能影响分级图

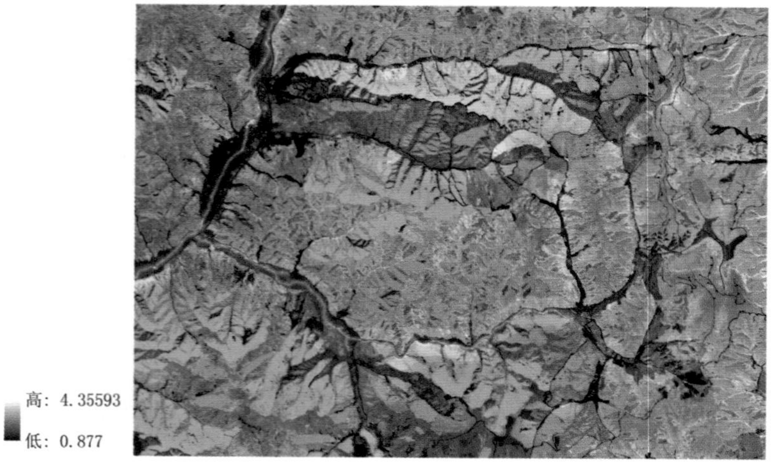

图 3-13 状态层影响分级图

3.3.4 影响评价结果

景观干扰指数受景观破碎度指数（P_i）、景观分离度指数（K_i）、景观分维度指数（D_i）共同影响。计算公式为：

$$G_i = W_1 \times P_i + W_2 \times K_i + W_3 \times D_i \tag{3-5}$$

景观破碎度指数、景观分离度指数、景观分维度指数可以分别利用 Fragstats 计算得出。各指数分级情况见图 3-14 ～图 3-17。

图 3-14 景观破碎度指数分级图

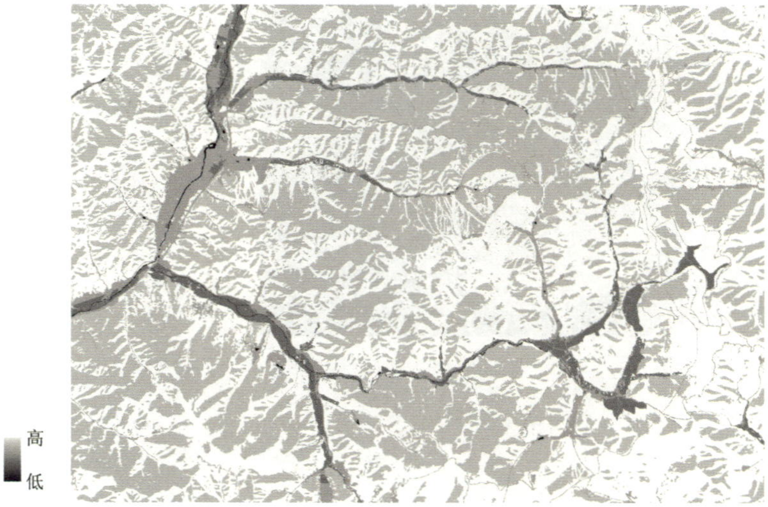

图 3-15 景观分离度指数分级图

图 3-16 景观分维度指数分级图

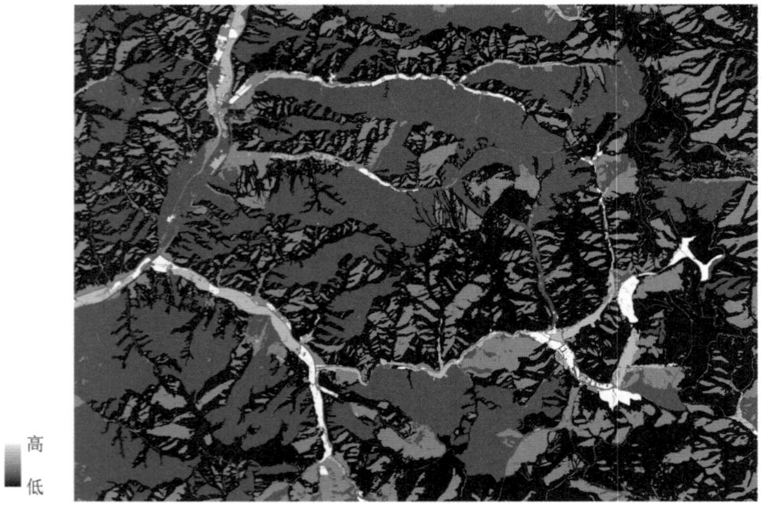

图 3-17 景观干扰指数分级图

景观脆弱指数参考相关研究成果，对各土地利用类型的脆弱度进行赋值，结果见图 3-18。各单因子根据各自权重形成影响层影响分级，结果见图 3-19，研究区域东南侧等级较低（生态安全影响较少）。

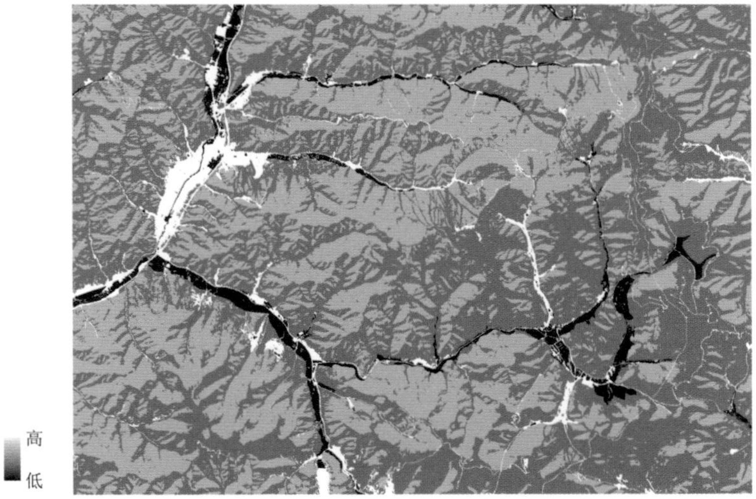

图 3-18 景观脆弱指数分级图

图 3-19 影响层影响分级图

3.3.5 响应评价结果

本书对响应指标进行数据收集与处理，将标准化处理结果乘以相应的权重得出响应评价结果，其中生态与环保投入占比见表 3-28，数据来源于张家口市统计年鉴。

3.3.6 生态安全评价结果

将 D-P-S-I-R 各层加权叠加，2017 年冬奥会开始前研究区生态安全评价结果见图 3-20 和表 3-29、表 3-30。

表 3-28 生态与环保投入占比

指标及相关结果	2017	2018	2019	2020	2021	2022
生态与环保投入占比 /%	8.630 0	1.910 0	2.540 0	2.940 0	1.400 0	—
标准化处理结果	5.000 0	0.350 0	0.790 0	1.060 0	0.000 0	—
叠加权重结果	2.100 0	0.147 0	0.331 8	0.445 2	0.000 0	—

注：数据来源于张家口市统计年鉴

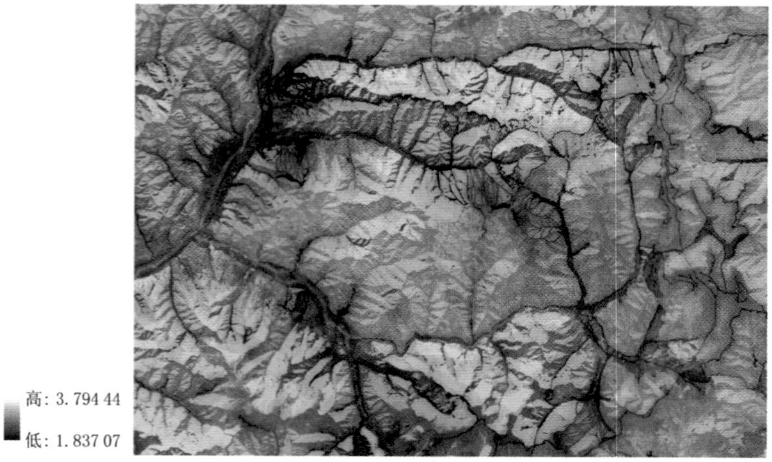

图 3-20 生态安全评价结果

表 3-29 生态安全等级分级标准

项目	生态安全指数得分				
安全指数评分	4～5	3～4	2～3	1～2	0～1
安全等级划分	很安全	安全	较安全	欠安全	不安全

表 3-30 生态安全等级面积占比

安全等级	面积 / 平方米	百分比 /%
不安全（0-1）	0	0.000
欠安全（1-2）	56 300	0.013
较安全（2-3）	237 108 300	55.940
安全（3-4）	186 645 000	44.040
很安全（4-5）	0	0.000

生态评价为“安全”的区域主要分布在万龙沟与太子城沟之间的山地、太子城沟南侧的山地、长城岭沟南侧的山地等区域。从整体上看，冬奥廊道生态安全性整体较高，没有不安全区域，但也有较大区域属于“较安全”等级，存在提升空间。

生态安全区域大部分位于山地地区，占总区域的 44.040%。因为这些区域远离中心城区，区域内大多为林地，基本无开发，自身生态资源较为优秀，这些生态资源对于维持冬奥廊道的生态有较为重要的意义。

生态较安全区域大部分位于山地邻近道路人类活动的区域，该部分占总区域的 55.940%。虽然这些区域拥有较优良的生态资源，但是因为它们处于城市建成区和自然生态区域的过渡地带，其生态安全水平可能会受到部分干扰和威胁。

生态欠安全区域主要位于中心城区和村镇主干道及山间开发强度较大的区域，该部分占总区域的 0.013%。这些区域由于开发强度较大，人类活动对生态影响较大，其生态安全受到明显威胁。

04

生态安全格局构建方法

METHODS FOR CONSTRUCTING ECOLOGICAL SECURITY PATTERNS

本书通过构建张家口市崇礼区冬奥廊道的生态安全格局，利用规划设计与空间管控等手段提升区域生态安全，使土地可持续利用；优化生态安全空间结构，加强景观连接度，提升土地恢复能力；界定管控范围，制定管控策略，改善因自然、社会因素造成的区域生态环境破坏问题，保护提升现有生态空间。

4.1

研究方法

本书选用“岛屿生物地理”平衡理论进行研究。

4.1.1 生态源地识别

“岛屿生物地理”平衡理论最早是麦克阿瑟（Robert H.MacArthur）和威尔逊（Edward O.Wilson）共同创立的，是欧洲具有标志性的生态理论。该理论认为，单一物种不会存在于栖息地中，相反，物种会动态地、非均匀地分布于一块栖息地区域中。本土生物具有脆弱性，但是如果有空白的新栖息地，那么该复合种群就可以继续生存下去。该理论也佐证了生物栖息地的破碎化将导致生物种群栖息地减少、生物扩散迁移和基因交换减少。

20世纪70年代中期，“岛屿生物地理”与复合种群的相关理论为欧洲大陆生物多样性保护实践提供了理论支撑。以戴蒙德（Jared Diamond）为代表的学者们提出了生物多样性保护的空间模式。该保护模式认为生物多样性保护用地需要足够大、圆（减少具有负面效应的边界地带）、邻近、连接，并且自从纳入世界自然保护联盟（IUCN）世界保护战略计划之后，该理论得到了进一步的关注。本书以该理论作为理论支撑对源地进行筛选。结合三个条件（生态安全评价结果、植被覆盖度、未来发展规划）分 4 个步骤进行综合筛选。

步骤一：将生态安全评价结果得分高（本书为得分≥ 3.35）的区域作为备选源地。图 4-1 为研究区域的生态安全评价结果。

步骤二：结合植被覆盖度高（本书为植被覆盖度≥ 0.9）的区域对备选源地进行扩展。图 4-2 为研究区域植被覆盖度图。

步骤三：对生态安全评价结果得分高的区域进行初步面积筛选，剔除掉面积小于 2.5 公顷的碎斑块。经剔除之后的生态安全评价高的区域与植被覆盖度高的区域叠加情况见图 4-3。

步骤四：在步骤三的基础上对备选源地进行整合，同时考虑未来的发展规划，在 3 片区域潜力较好的位置划出一片区域作为补充源地，最终源地选定结果见图 4-4。

4.1.2 评价指标选择

选取评价指标时，首先要考率区域自然生态环境特征；其次由于研究区域涉及受人类影响较大的采矿区，还

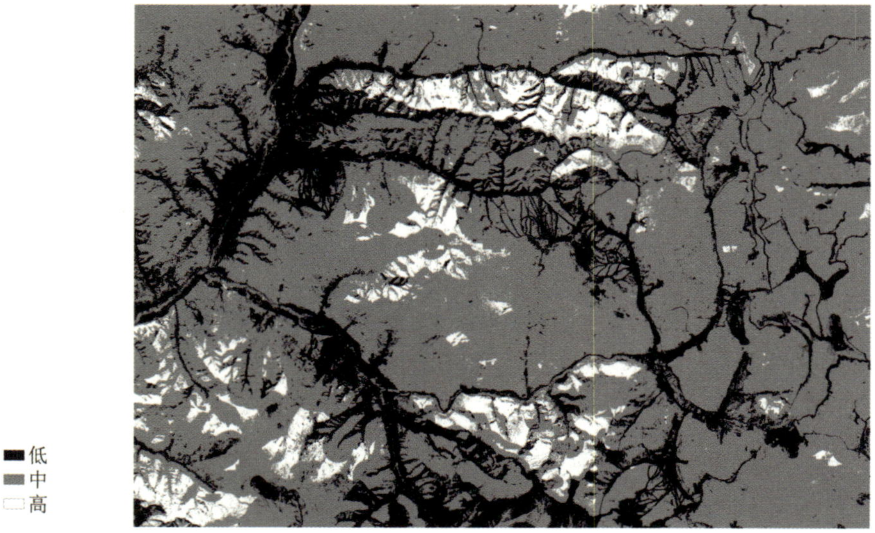

图 4-1 研究区域生态安全评价结果

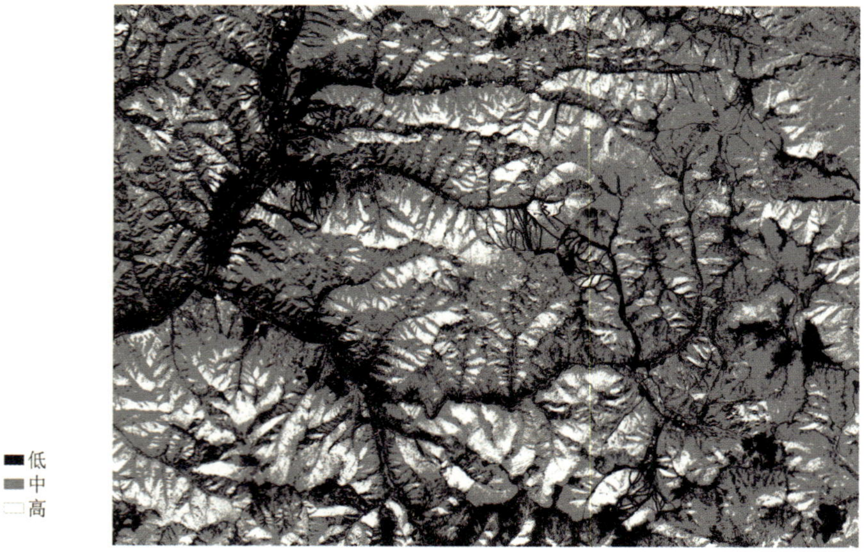

图 4-2 研究区域植被覆盖度图

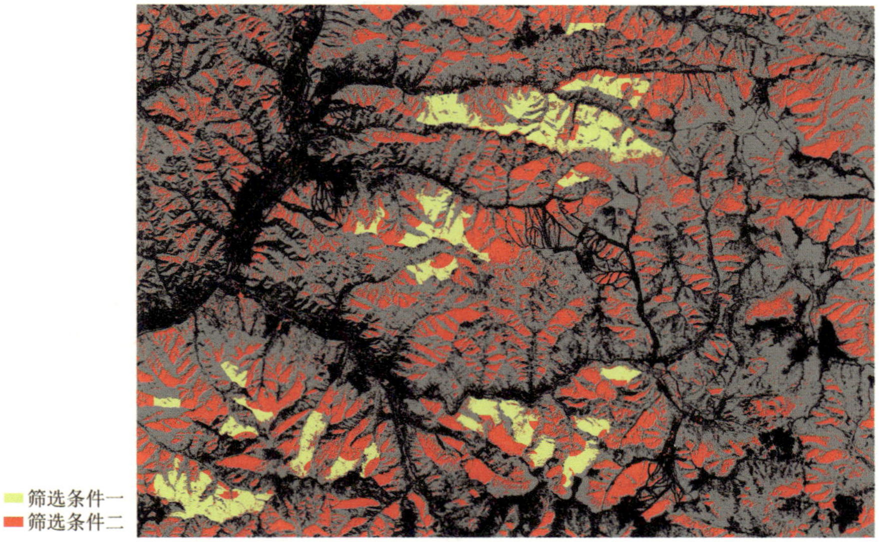

图 4-3 研究区域生态安全评价叠加植被覆盖度图

图 4-4 研究区域选定源地

需关注与人类活动相关的指标；最后要考虑数据可获取性；结合研究区域现状，从生态属性和生态干扰两方面选择高程、坡度、土地覆盖类型、植被覆盖度、与水体的距离、与道路的距离、与采矿点的距离、与工业用地的距离、与居民点的距离 9 个评价指标。其中，坡度与高程体现地形因素对区域生态安全的潜在影响；植被覆盖度反映生态系统的重要基础数据，对分析评价区域生态环境意义重大。大面积的水体因其重要的生态系统服务功能通常会有利于区域生态环境的改善。居民点、采矿点和道路是人类活动强度较大的地方，生态干扰随着距离的增大而变弱 [61]。

在各个因子的分级中，本书研究团队参考相关文献的统计和经验成果，并结合研究区域实际情况制定各因子分级标准，如表 4-1 所示。指标划分为 4 个级别，值越小，抵抗外界干扰能力越强，生态安全水平越高。借助 ArcGIS 10.2 软件 Spatial Analyst 模块中的 Reclassify 工具，将高程和坡度划分为 4 个等级。植被覆盖度由 NDVI 数据计算获得，该数据利用研究区域遥感影像波段数据在 ENVI 5.6 软件中计算得出；从研究区土地利用数据中筛选出水体、道路、采矿点、工业用地和居民点，按对应等级范围构建多环缓冲区，得到与水体的距离、与道路的距离、与采矿点的距离、与工业用地的距离和与居民点的距离。最后将所有数据按照划分的 4 个评价等级转换为栅格数据，为下一步数据分析奠定基础。研究区域评价指标等级分布见图 4-5。

4.1.3 指标权重计算

本书中的权重计算方法采用的是多元统计分析中一种常用的降维方法——主成分分析法 (SPCA)。空间主成分分析法 (SPCA) 以统计原理和 GIS 为基础，将每个空间变量对应一个矩阵，把相关的空间变量对因变量的影响程度分配到相应的主成分因子上，且将主成分因子分析结果清晰地落实到空间所对应的每一个栅格上，使原有主成分分析结果直观地拓展到二维空间，空间可视化效果良好。

把代表不同生态安全评价指标的栅格数据录入 ArcGIS 软件多元分析功能中的 Principal Components 工具中做主成分分析，并结合主要成分载荷矩阵，求得表达各个空间成分的空间载荷图和主成分累计贡献率，计算出每个评价因子的权重。主成分的特征值及其贡献率见表 4-2。

运用空间主成分分析法对生态安全指标进行空间降维分析后，可提取到 9 个主成分的载荷矩阵、特征值及贡献率。从表 4-2 中可以看出，前 6 个主成分的累积贡献率是 90.322 3%，这说明前 6 个主成分能够充分体现研究区域的生态安全信息。

通过深入分析各主成分所对应的原始评价指标载荷可以得出表 4-3。第 1 主成分中与道路的距离载荷较高 (0.484 23)，体现出道路对研究区域生态安全的重要影响。第 2 主成分中土地覆盖类型 (0.407 95) 和植被覆盖度 (0.694 33) 载荷较高，说明土地覆盖和植物覆盖度因子对生态安全有较强影响。第 3 主成分中高程载荷

表 4-1 研究区域评价指标与等级划分

类型	评价因子	分级参考依据	因子分级	生态安全等级
生态属性	高程	蒙吉军等 ,2013 李航鹤等 ,2020	＜ 1 600	1
			1 600 ～ 1 800	2
			1 800 ～ 2 000	3
			＞ 2 000	4
	坡度	李航鹤等 ,2020	＜ 7°	1
			7 ～ 15°	2
			15 ～ 2°	3
			＞ 25°	4
	土地覆盖类型	杨姗姗等 ,2016	有林地、河流水面、湖泊水面、风景名胜及特殊用地、其他林地	1
			其他园地、坑塘水面、果园、水田、其他草地、沼泽地、内陆滩涂	2
			旱地、水浇地、沟渠、设施农用地、水工建筑用地、田坎	3
			铁路用地、公路用地、农村道路、建制镇、村庄、港口码头用地、采矿用地	4
	植被覆盖度	于成龙等 ,2021	＜ 0.2%	4
			0.2% ～ 0.4%	3
			0.4 % ～ 0.6%	2
			＞ 0.6%	1

续表

类型	评价因子	分级参考依据	因子分级	生态安全等级
生态干扰	与道路的距离	李晶等 ,2013	＜200	4
			200～400	3
			400～800	2
			＞800	1
	与居民点的距离	李青圃等 ,2019	＜200	4
			200～400	3
			400～600	2
			＞600	1
	与采矿点的距离	李航鹤 ,2020 李晶等 ,2013 刘孝富 ,2010 王石 ,2004 李玉平等 ,2007	＜500	4
			500～1 000	3
			1 000～1 500	2
			＞1 500	1
	与水体的距离	付梦娣等 ,2016	＜100	1
			100～400	2
			400～800	3
			＞800	4
	与工业用地的距离	潘竟虎等，2015	＜500	4
			500～1 000	3
			1 000～1 500	2
			＞1 500	1

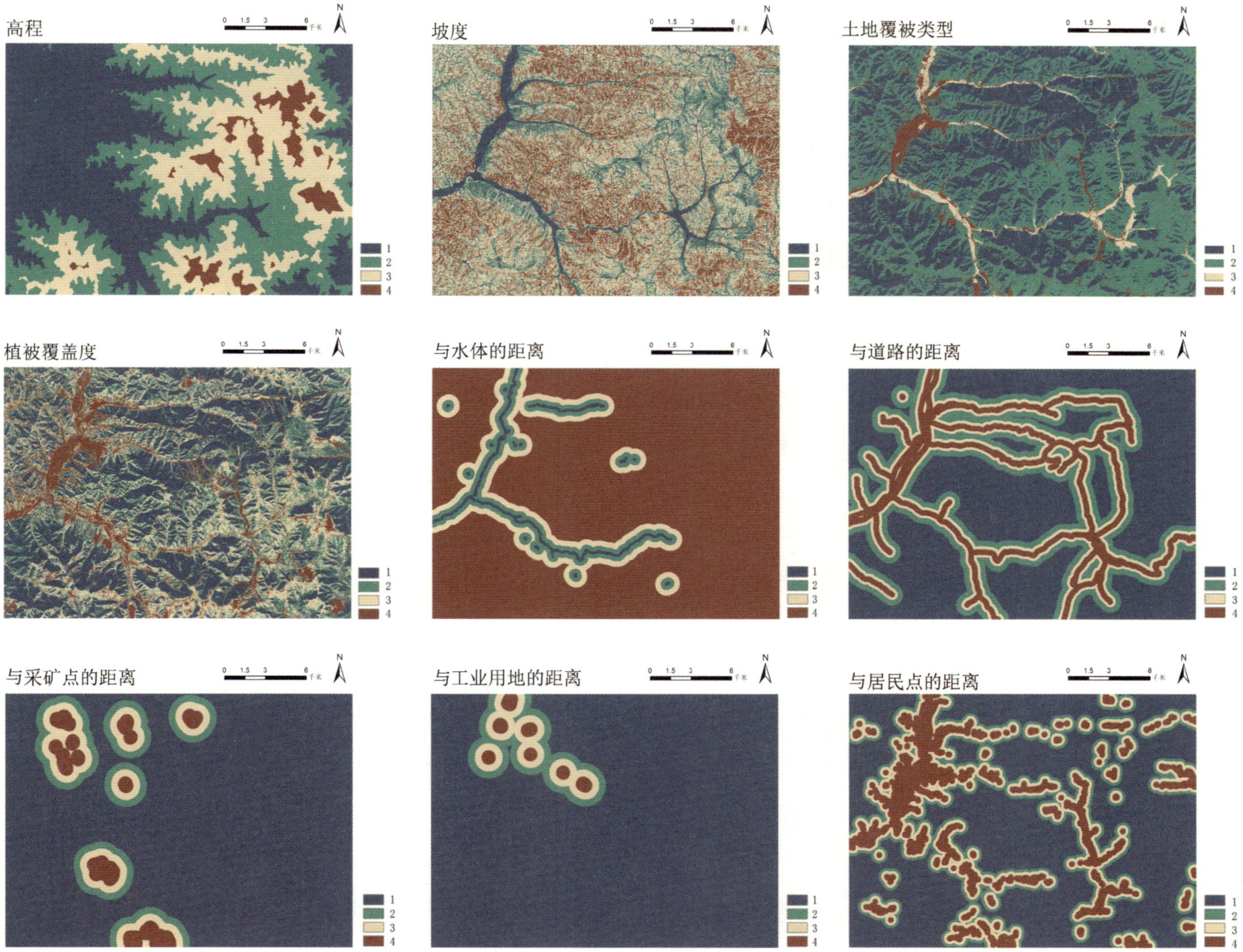

图 4-5 研究区域评价指标等级分布（组图）

表 4-2 主成分的特征值及其贡献率

主成分	特征值	贡献率 /%	累积贡献率 /%
1	2.876 79	39.155 0	39.155 0
2	1.221 52	16.625 8	55.780 8
3	0.867 16	11.802 7	67.583 5
4	0.658 15	8.957 9	76.541 4
5	0.532 11	7.242 4	83.783 8
6	0.480 39	6.538 5	90.322 3
7	0.288 38	3.925 0	94.247 3
8	0.227 39	3.094 9	97.342 2
9	0.195 27	2.657 8	100.000 0

表 4-3 主成分载荷矩阵

评价指标	PC_1	PC_2	PC_3	PC_4	PC_5	PC_6	PC_7	PC_8	PC_9	权重
与河流的距离	-0.241 80	0.104 05	-0.024 00	0.079 34	0.167 01	0.096 20	0.891 52	0.303 04	-0.006 86	0.010
与工业用地的距离	0.105 36	-0.088 31	0.089 88	-0.088 97	-0.137 09	0.136 97	0.349 74	-0.845 25	0.301 32	0.023
与采矿点的距离	0.153 99	-0.111 84	0.352 83	-0.304 46	-0.288 29	0.774 74	-0.021 87	0.245 02	-0.052 40	0.089
与居民点的距离	0.586 78	-0.289 17	0.014 20	0.104 93	0.732 62	0.147 82	0.030 88	-0.001 21	-0.036 30	0.249
与道路的距离	0.484 23	-0.260 03	-0.533 20	0.288 66	-0.527 44	-0.016 11	0.17417	0.140 30	-0.042 47	0.078
土地覆盖类型	0.283 63	0.407 95	0.064 34	0.002 41	-0.012 62	-0.060 33	-0.04428	0.265 64	0.820 16	0.205
高程	-0.244 75	0.338 35	-0.576 28	0.243 88	0.199 53	0.576 47	-0.18998	-0.153 99	0.045 92	0.044
坡度	-0.192 38	-0.233 59	0.420 85	0.826 41	-0.076 79	0.114 62	-0.08611	0.006 30	0.147 84	0.012
植被覆盖度	0.388 04	0.694 38	0.262 68	0.237 31	-0.096 96	-0.023 59	0.07507	-0.140 32	-0.454 61	0.290

较高 (− 0.576 28)。第 4 主成分中坡度载荷较高 (0.826 41)，这反映出地形地貌对生态安全的影响较为显著。与居民点的距离在第 5 主成分中载荷较高 (0.732 62)。与采矿点的距离在第 6 主成分中载荷较高 (0. 774 74)，表明矿产开采也是生态安全的重要影响因素。

4.1.4 生态阻力面建立

人类活动及其引起的土地利用和覆被变化会影响生态系统间的物质流动和能量交换。物种在空间上的迁移需克服不同景观单元间的阻碍，阻力面可以反映景观异质性对生态过程流动的影响。阻力值一般依据土地利用类型差异导致的生境适宜性差异来赋值。本书利用电路理论连通度模型构建阻力面。

1. 电路理论连通度模型

生物个体流或基因流在特定景观中的流动具有随机性，与电路中的电荷一样是随机游走的，传统的 MSPA、最小阻力模型等方法忽略了物种选择迁移路径的随机性。因此，根据两者共有的随机游走特性，电路理论把电路与运动生态学联系起来，将复杂景观中的物种个体流或基因流类比于电荷，将景观视为电阻面（即生态学中的阻力面），根据是否利于某种生态过程为各类景观赋予相应的电阻值（即阻力值）。异质景观可被视为一系列节点（动物栖息地、生态保护区等）和电阻组成的电路。Circuitscape 软件可根据用户提供的节点数据及电阻数据计算横跨景观的电流和电压。电流可反映游走者沿某一节点或路径迁移的概率。电流越大，则该地区通过水平越高。

2. 综合成本阻力面

通过 ArcGIS 中的栅格数据叠加分析，将各因子成本栅格数据按照权重数据依次叠加形成生态属性和生态干扰相结合的综合成本阻力面，见图 4-6。

3. 成本加权距离表面

采用 Linkage Mapper 插件调用成对模式分析，进行类似最小成本路径的廊道模拟，通过计算每个像素距离节点的成本加权距离（Cost-Weighted Distances，CWD），创建成本加权距离表面，见图 4-7。

4.1.5 生态廊道的提取

生态廊道是具有生物多样性维护、水源涵养、土壤保持、洪水调蓄等多项生态系统服务功能的廊道类型，是生态源地相互联系、进行物质和能量交流的直接通道，有利于物种在“源”间及基质间流动，是增强生态系统整体连通性的关键生态组分。提取关键生态廊道对于保障生态源地之间物质和能量流动的畅通、实现区域生态系统功能的完整性具有重要意义。构建生态廊道首先须确定生态源地，然后分析生物随机游走特征，识别最优路径和次优潜在路径。

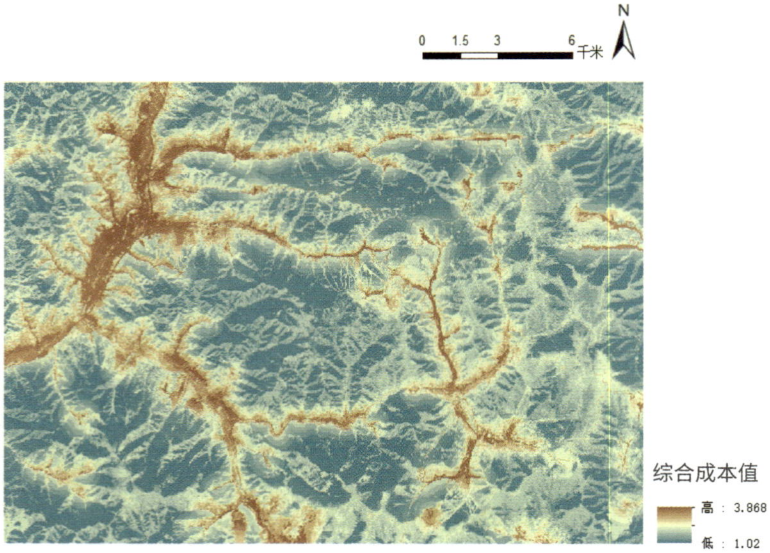

图 4-6 综合成本阻力面

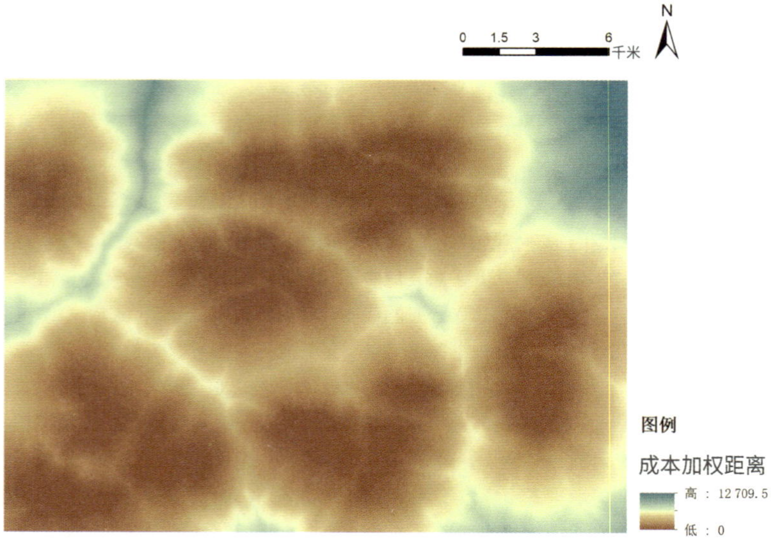

图 4-7 成本加权距离表面

（1）最优廊道识别。Linkage Mapper 可利用生态源地及阻力面来识别和绘制核心区域之间的最小成本路径（Least Cost Path，LCP），即物种迁移的最优路径。Linkage Mapper 通过确定相邻源地、用邻接关系和距离数据构建源地间网络、计算成本加权距离和 LCP，计算成本最低的廊道并将其绘制到一张地图中 . 按照以上 4 个步骤绘制最优路径图，最小成本路径结果见图 4-8。

（2）潜在廊道识别。采用基于电路理论的 Circuitscape 4.0 软件成对模式来识别次优潜在路径。

（3）中心度分析。基于电路理论对生态源地及廊道的重要性进行评估，采用自然断点法将源地和廊道划分为核心源地、一般源地和核心廊道、一般廊道。中心度分析结果见图 4-9。

（4）连通度分析。生态源地之间的连通性可以用成本加权距离与廊道长度（Least Cost Path Length，LCPL）的比值来反映，比值越大表示该路径的相对阻力越大，即两个源地之间的连通性越低。连通度分析结果见图 4-10。

相关研究表明，生态廊道的宽度为 60 ～ 100 米时可基本满足动植物迁徙、物种传播等需求 [66]。本书对不同宽度廊道阈值进行模拟测试，得到带有宽度信息的生态廊道，将其作为生态廊道保护修复的底线。廊道宽度模拟结果见图 4-11。

研究区域共有 31 条廊道，其中基于最小成本的廊道有 29 条，总长度为 118.9 千米；潜在廊道有 2 条，总长度为 16.78 千米。上述廊道平均长 4.38 千米，最长的路径长度为 8.65 千米，最短的为 0.22 千米。长度小于 4 千米的路径占总路径的 45.16%，破碎度一般。廊道的空间分布差异较为明显：西部和东部廊道数量较少；中部斑块间廊道的数量较多且网络密度较大，连通性较强。

对源地和廊道的中心度进行模拟发现，核心源地有 6 个，主要分布在太子城沟的南侧以及长城岭沟和万龙沟之间的山林地。一般源地有 8 个，分布较为散乱，由于覆被类型以及人为干扰等因素的影响，重要性较弱。核心廊道有 8 条，位于太子城沟南侧和万龙沟北侧之间，该区域源地分布密集且质量较高。一般廊道有 23 条，占比为 74.19%，说明研究区域廊道整体质量一般，需要加强保护和修复。

成本加权距离与路径长度的平均比值为 1.51，最大比值是 2.32，最小比值是 1.16，将各廊道比值按自然断点法分为较小阻力、中等阻力、较大阻力 3 级。较大阻力廊道有 4 条，主要分布在阻力较大的主城区两侧以及奥运核心区两侧的源地间。中等阻力廊道有 17 条，由于村庄以及公路的存在，对生态廊道的形成和延展有一定的阻碍作用，后续可以有针对性地疏通改善区域生态廊道的质量 . 其疏通成本较低，具有一定的可行性。较小阻力廊道有 10 条，主要分布于中部地区源地距离近且密集的斑块间，该区域为林地，受城市化影响较小，物种迁徙遇到的阻力低，对于生态信息的流动较为有利，能保持较好的生态连通性。

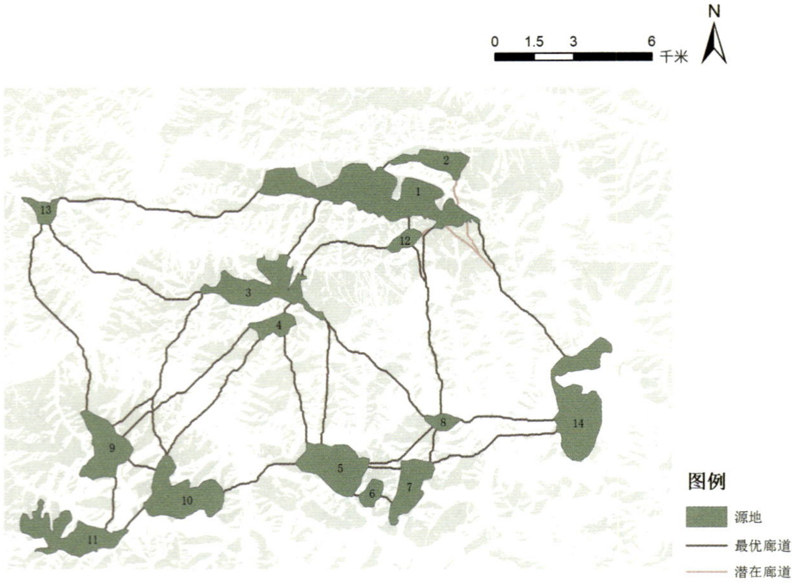

图 4-8 最小成本路径

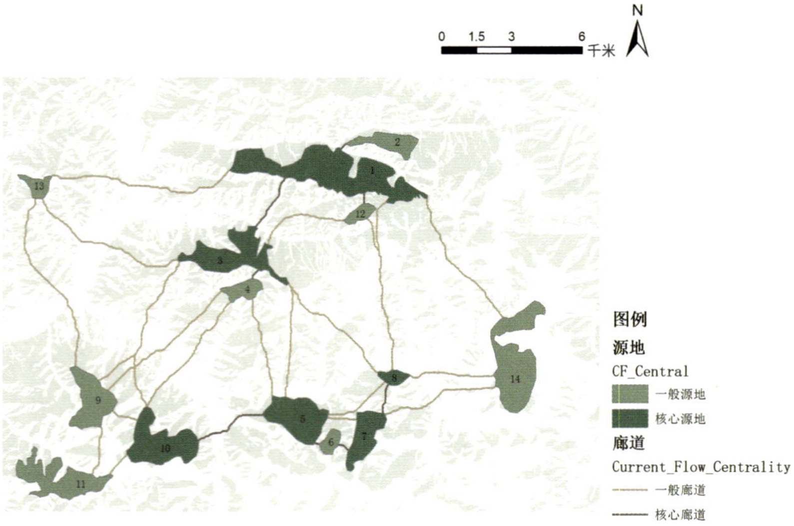

图 4-9 中心度分析

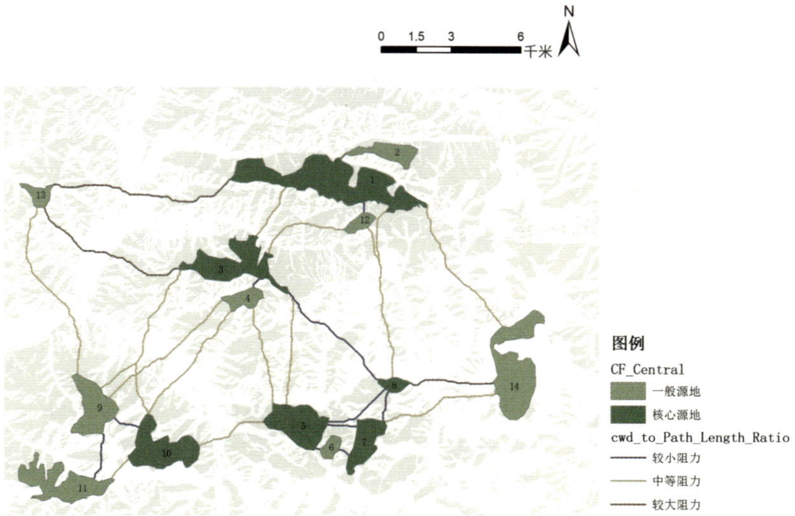

图 4-10 连通度分析

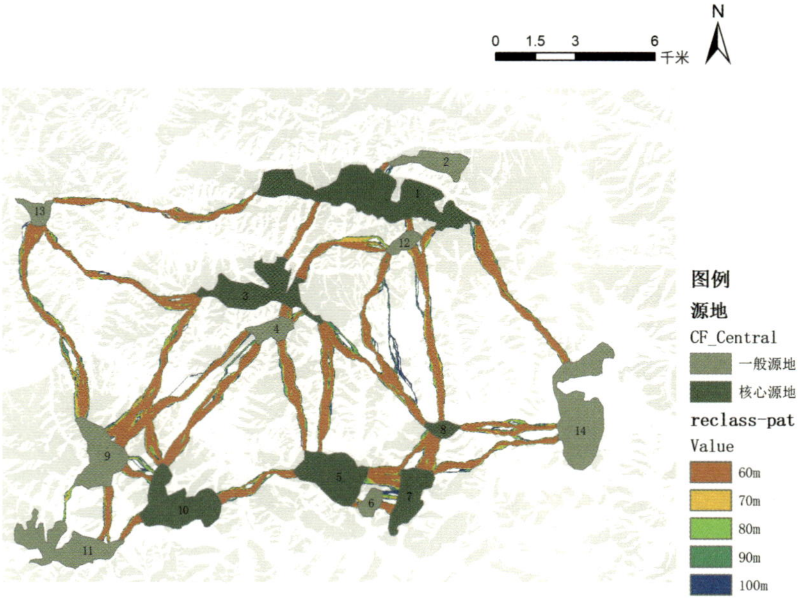

图 4-11 廊道宽度模拟

4.1.6 识别生态节点

生态节点是指景观基质中对于生物的扩散或移动起关键作用的位置。在本书中，生态节点主要包括生态夹点、生态障碍点和生态断裂点 3 类。

1. 生态夹点识别

生态夹点是基于电路理论提出的概念，是表示生境连通性的景观关键点。在 Circuitscape 建模中，生态夹点为电流密度高度密集的区域，表明该区域的替代路径极少或不存在，需优先考虑栖息地保护。廊道重要性分级和生态夹点识别见图 4-12 和图 4-13。

本书共识别出 27 个生态夹点，夹点总面积为 1.05 平方千米，占廊道总面积的 3.02%。面积较大的夹点主要分布在研究区的西北部和东南部，且主要分布在林地和草地上，这些夹点需要被优先保护，以确保廊道的连通性。

2. 生态障碍点识别

生态障碍点是阻碍物种在生态斑块间移动的区域，移除这些区域会增加生态重要区间连通的可能性。障碍点识别可为决策者进行景观规划提供参考。借助 Linkage Mapper 计算得出斑块间欧式距离结果，将 Barrier Mapper 工具的最小搜索半径和最大搜索半径设置为栅格的整数倍，通过移动窗口法搜索障碍点 [67]。被清除的障碍点得分越高，对整体景观连通性的改善越大。廊道阻力分级和生态障碍点识别见图 4-14 和图 4-15。

由障碍点识别结果可知，在研究区域内，阻碍景观连通性的障碍点分布较广且不均匀。研究区域内障碍点共 16 个，总面积为 0.49 平方千米，占廊道总面积的 1.41%。障碍点集中分布在主城区、太子城沟和万龙沟。与主城区相比，太子城沟和万龙沟建设用地比例较低，人为活动较少，对其进行修复具有一定的可行性，后期应当进一步查明产生障碍的具体原因，并在生态修复中加以克服。

3. 生态断裂点识别

在本书中，待修复生态断裂点区域识别主要考虑大型交通道路对生态廊道的阻隔。纵横交错的交通道路加剧景观破碎化，与廊道相交处全部或部分切断了景观连接度，对生物流动的畅通和安全造成威胁 [68]。

本书识别生态断裂点 34 个，它们主要分布在主城区、太子城沟和万龙沟，大部分均沿着生态廊道分布，具体见图 4-16。其中 20 条生态廊道分布有断裂点，占比达到 64.52%，因此应更加重视在生物多样性廊道的构建中修复生态断裂点，可以通过建天桥、涵洞及地下通道等方式促进物种的迁徙、扩散，维持生态连通性，促进物质、能量和信息的正常流通。

4.1.7 识别缓冲区

生态缓冲区即随源地和廊道向外扩散，在周边形成了迁徙成本逐渐增加的缓冲区域，是物种生境恢复和自然分布区扩张的区域，具有重要的生态保护与恢复功能。本书利用 Natural Breaks 自然断点法对成本加权距离表面进行划分，综合识别源地的缓冲区。研究表明，生态廊道的缓冲宽度保持在 120 ～ 180 米之间，可以对物种的生存和迁徙起到保护作用，考虑到县区空间充足，本书选择上限 180 米作为其缓冲宽度 [65]。

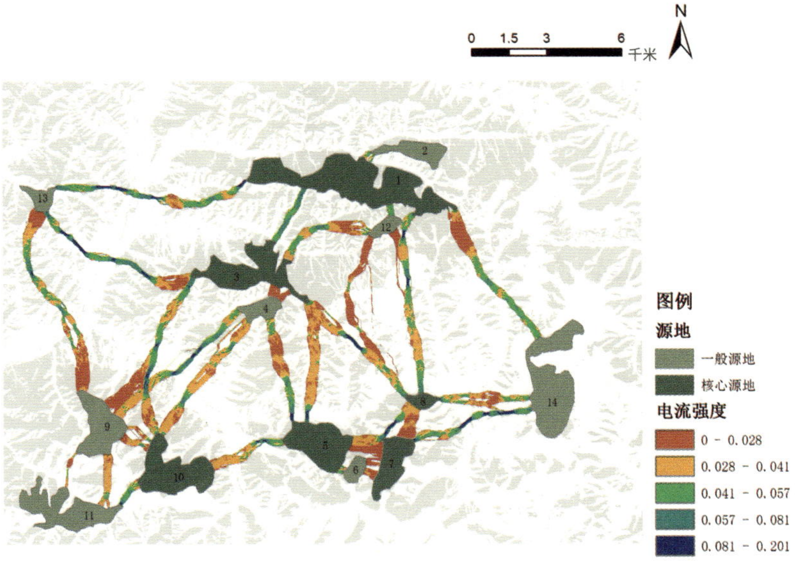

图 4-12 廊道重要性分级

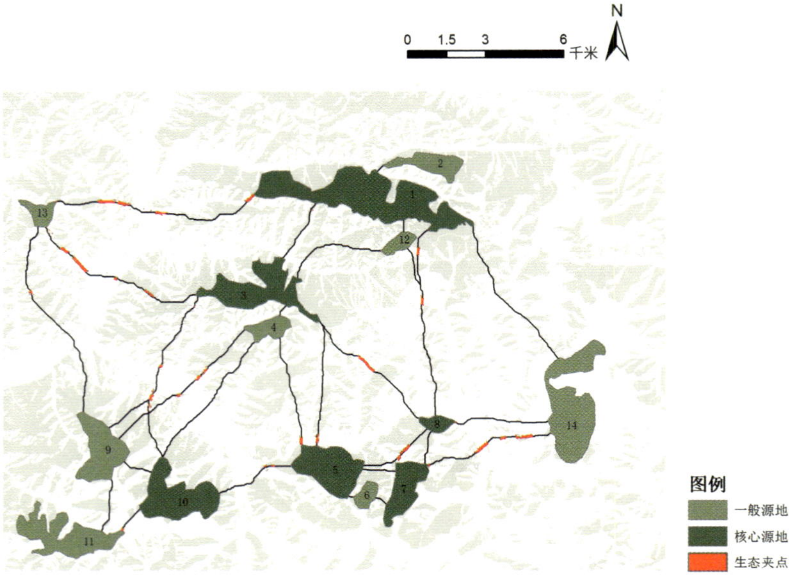

图 4-13 生态夹点识别

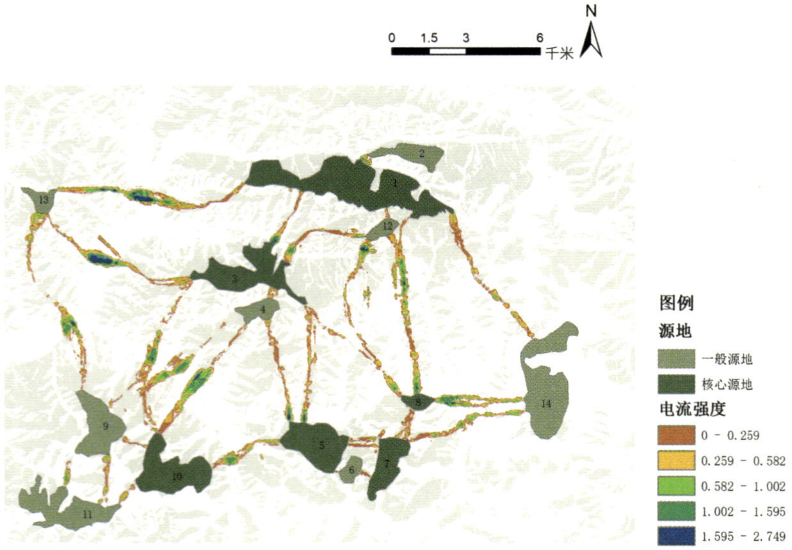

图 4-14 廊道阻力分级

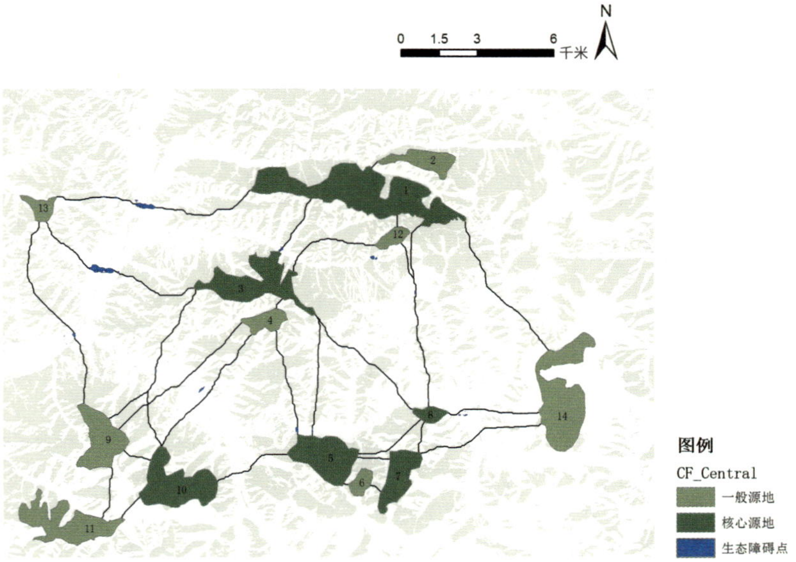

图 4-15 生态障碍点识别

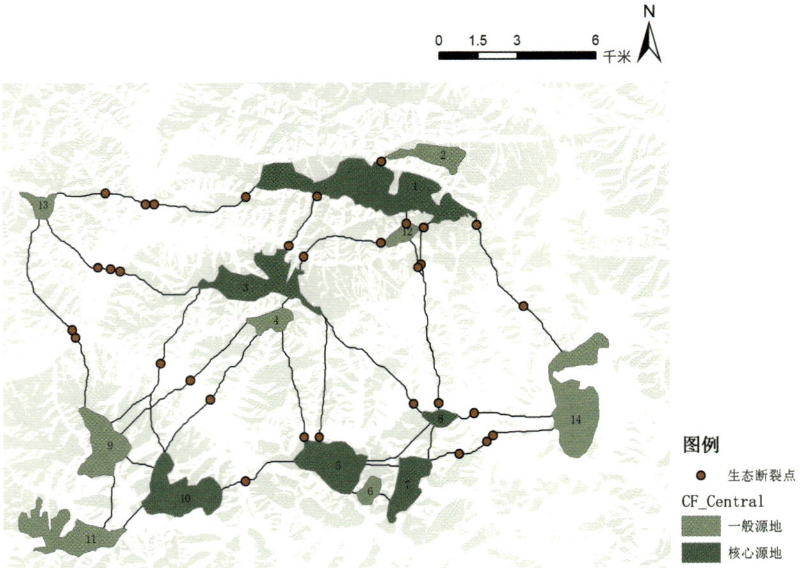

图 4-16 生态断裂点识别

4.2

生态安全格局构建

本书以生态源地为研究对象，借鉴电路理论思想，利用 Linkage Mapper 及 Circuitscape 工具，构建最适宜生物迁移、扩散的最优廊道及潜在廊道。

4.2.1 生态源地识别

本书借助 ArcGIS 和 Barrier Mapper 工具识别影响景观连通度的夹点、障碍点和断裂点，分析影响区域生态安全格局的因素；在源地基础上综合识别生态空间的缓冲区，将其作为保护生物多样性的重要区域；通过源地、生态廊道、生态节点和缓冲区之间的有机结合，形成区域蓝绿生态网络。

研究区域实际生态安全格局与理想生态安全格局相比，廊道和节点的建设均有待完善，要通过优化生态安全格局各组分的布局来升级研究区域的生态安全水平。生态廊道质量不高，道路型廊道未充分发挥生态流通作用，可加强其两侧的绿化程度，促进其生态流通作用的发挥。生态源地和主要交通干线在空间上衔接性不高，没有将生态功能薄弱的区域与生态源区连接形成有效的网络覆盖，需要强化生态节点的功能并确保其少受干扰，加强区域生态功能，从而提升区域生态安全。

4.2.2 生态功能区界定

根据分析结果，研究区域可划分为 4 个生态安全分区：生态保育区、生态缓冲区、生态过渡区和生产生活区。生态保育区包括生态源地、100 米宽的生态廊道以及一些重要的河流生态空间，面积为 77.43 平方千米，占研究区域总面积的 16.49%，在后续建设中应严格保护，减少水土流失，禁止人为建设活动。生态缓冲区面积为 194.55 平方千米，占研究区总面积的 41.42%，由于毗邻生态保育区，对环境敏感度高，应当加强保护。生产生活区面积 62.34 平方千米，占比 13.27%。生态过渡区位于生态缓冲区和生产生活区之间，总面积为 135.37 平方千米，占研究区域总面积的 28.82%。生态过渡区在生态用地和生产生活用地之间提供了安全屏障，对二者的相互扩展具有缓冲作用。余下的空间为生态网络，见图 4-17，生态分区见图 4-18。

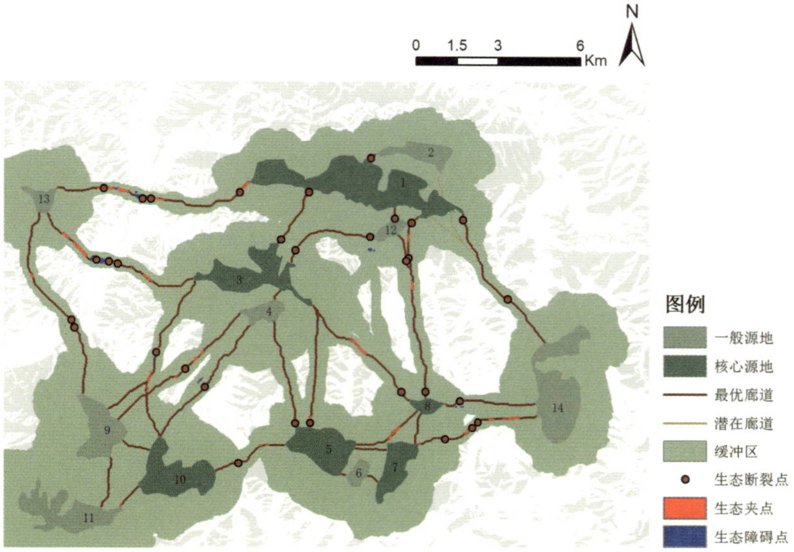

图 4-17 生态网络

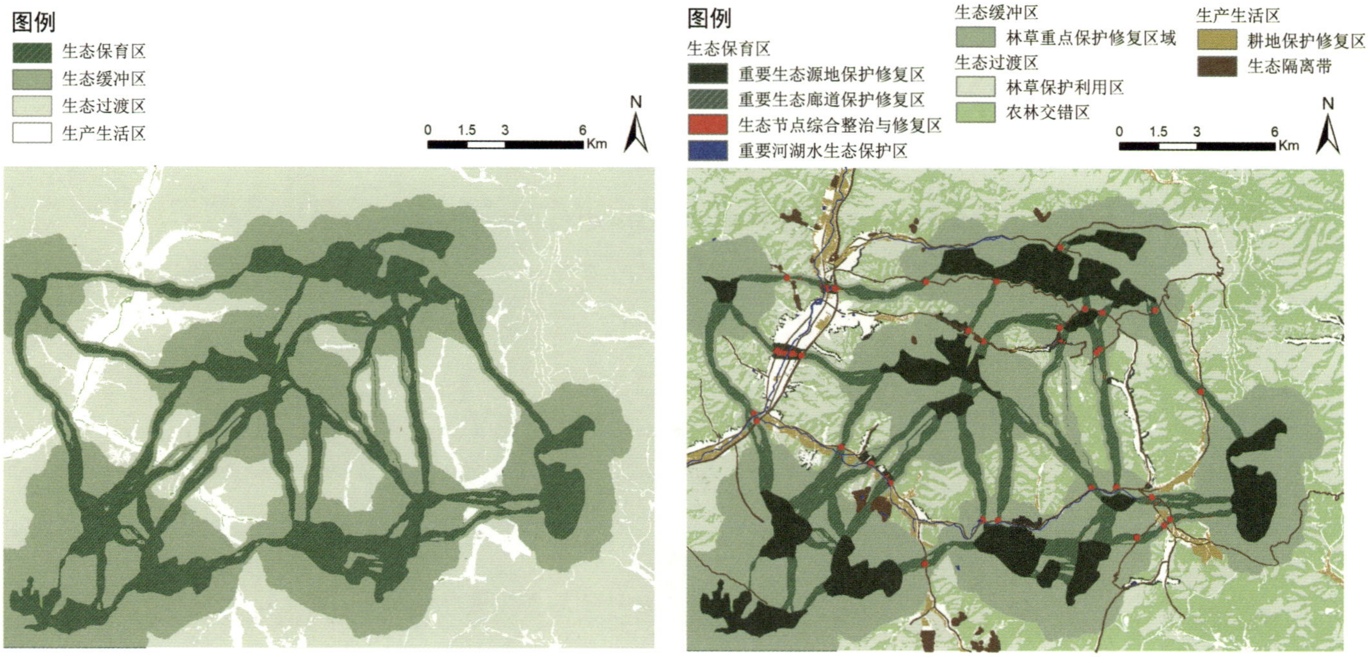

图 4-18 生态分区（组图）

05

生态安全格局构建与修复技术措施

ECOLOGICAL SECURITY PATTERN CONSTRUCTION AND RESTORATION TECHNOLOGY MEASURES

本章从原则、总体策略、技术措施几个方面对生态安全格局构建与修复技术措施进行阐述。

5.1

原则

1. 生物多样性保护原则

（1）生态优先原则。崇礼区的生物多样性保护规划应重视生态城市的建设，防止城市生态环境被城市发展和建设破坏；使城市生态系统处于稳定、平衡的状态；提升城市生态系统的自我修复和自我调节能力。

（2）可持续发展原则。在城市建设的同时，应坚持可持续发展战略，降低开发强度，保护城市生物多样性；在保护城市生态系统的同时，也应协调好人与自然的关系，合理开发，做好城市资源的循环利用。

（3）多维度保护原则。应继续完善相关法律法规，不断修改和规范相关政策，落实生物多样性保护工作计划，推动城市生物多样性保护工作的进行；同时要加强人民群众对生物多样性保护重要性的认知，加强群众教育和学习，加大保护生物多样性的力度，多维度加强对生物多样性的保护。

2. 植物种植原则

（1）重乡土原则。崇礼区的野生植物有 80 科、301 属、553 种之多，其中草本植物占野生植物总数的 91%。崇礼区还是河北省中草药材主要产区之一，中草药达 240 余种。崇礼区处于内蒙古高原与华北平原过渡地带，典型的植物群落为暖温带落叶阔叶林和温性针叶林。乡土植物涵盖针叶林、针阔混交林、落叶阔叶林、灌丛、野花地被，呈现从森林到草原过渡的自然特征。针叶树以落叶松、油松、云杉为主，落叶阔叶树以青杨、白桦、白榆、蒙古栎、山荆子、金红苹果为主，灌丛以忍冬、连翘、丁香、沙棘、锦鸡儿为主，地被以狗娃花、翠雀、黑柴胡、金莲花为主。

（2）近自然原则。崇礼区的自然植被分布从山底到山顶依次为灌丛带、落叶阔叶林带、针阔混交林带、针叶林带和亚高山草甸。这里森林茂密、草场广阔、野花烂漫，充满自然野趣之美。植物设计遵循崇礼区自然植被的分布状态，模拟森林到草原的过渡，减少对远景自然山水的遮挡，弱化人工痕迹。因此，本书提出大尺度植物片植、不种行道树、不做标准段的策略。

（3）多季相原则。以冬季景观季相为特色，兼顾四季景观效果；通过增加常绿植物数量、运用冬季观枝干植物、观果植物、局部点缀观赏草来突出冬季景观；同时，运用崇礼区当地的山荆子、杜梨、金红苹果及草花等乡土植物，达到春花夏荫、秋彩冬翠的四季景观效果。

（4）低维护原则。植物设计遵循低维护原则，不使用城市园林绿化中的高耗水植物，而是以当地自给型的乡土树种为主，以混播草花作为地被，构建可持续的近自然风景林，降低后期维护成本。

5.2

总体策略

在近自然理念的指导下，本节根据保护修复区域类型的划分，从保护生态功能重要区、修复生态脆弱区和提高区域生态连接度的目的出发，对上一章划分的 4 个不同类型的生态安全区域提出应对策略，见表 5-1。

表 5-1 生态安全区域修复策略

大类	小类	是否准入	用地引导	行为活动引导	生态修复策略
生态保育区	重要生态源地保护修复区	禁入用地	建议实行最严格的保护，参照生态保护红线管控要求，对影响生态功能的永久基本农田、镇村、矿业权进行有序退出与保留，增加生态林，控退商品林	禁止任何破坏生态环境的开发与利用活动，原则上禁止人为活动	优化源地斑块形状，以保护保育、自然恢复、辅助再生和生态重建为手段，通过透光抚育、生长抚育、植物造林等人工技术进行林地质量提升
	重要生态廊道保护修复区				加强廊道植被管理，增加天桥和隧道设置
	生态节点综合整治与修复区				对林地类节点，加强森林管护和质量提升，优化低效林和疏林地的树种结构；对耕地类节点，栽植生态林，构建农田缓冲带，严控建设用地扩展；加强城市绿廊绿楔的建设
	重要河湖水生态保护区				通过消落带植被恢复工程、河道清淤工程，提升水域生态廊道的连通性
生态缓冲区	林草重点保护修复区	禁入用地	禁止开展与生态保护无关的开发建设活动，严格执行清退、转化规定	除国家重大项目外，仅允许有限的人为活动与必要的公共设施建设	通过提升林地质量，促进生态功能提升和保护，发挥其对生态保育区的生态屏障功能
生态过渡区	林草保护利用区	准入用地	仅允许不高于一定比例的、与生态保护相适应的项目用地，制定建设用地控制要求，对不符合要求的用地采取管控、调整、转化措施	允许教育、科研、休闲、游憩等人为活动	以林地生态系统自身的循环为主，通过透光伐、生长伐、补植、修枝、浇水施肥等措施，构建地带性本都群落模式
	农林交错区				推进林缘带、农林结合区侵蚀沟治理，对林下灌木地被层进行重建，补植食源、蜜源植物，恢复自然边缘结构，增加环境异质性，丰富边缘生境
生产生活区	耕地保护修复区	禁入用地	严守耕地红线，坚决遏制耕地“非农化”，防止“非粮化”	禁止违规占用耕地从事非农建设，允许利用耕地从事观光农业、农事体验、产业融合等特色项目	依托生态系统自然修复力，分区采取耕地休养生息、耕地整治等手段，施以工程技术、生物技术措施，改善耕地健康状况和产出效能
	生态隔离带	准入用地	仅允许不高于一定比例的、与生态保护相适应的项目用地	禁止破坏生态环境的开发与利用建设活动；允许依法适度发展生态旅游、休闲康养、特色种植养殖等产业	消除地灾隐患，修复废石场，补充生态隔离带，形成城市完整的生态绿色骨架，包括工矿企业、公路、铁路、防护、绿地等防护型生态隔离带，城市建设用地与非建设用地之间的缓冲型生态隔离带

5.2.1 生态保护管控

从生态优先的角度，结合各区域土地利用现状类型，采取“刚性约束、刚弹结合、弹性引导”的策略，对研究区域分区管控，优化土地利用结构，提升区域生态安全，确定土地未来的发展方向。

1. 土地利用类型分析

研究区域分为生态保育区（重要生态源地保护修复区、重要生态廊道保护修复区、生态节点综合整治与修复区、重要河湖水生态保护区）、生态缓冲区（林草重点保护修复区）、生态过渡区（林草保护利用区、农林交错区）和生产生活区（耕地保护修复区、生态隔离带）。根据土地利用现状分析可知，生态保育区土地利用类型主要为林地，以天然林为主；生态缓冲区土地利用类型主要为分散在生态保育区外部的林地与高覆盖度草地；生态过渡区土地类型多样，土地利用类型主要为有一定生态价值的林地和中高覆盖度草地，还包括少量居民点、道路以及耕地；生产生活区主要由耕地与居住、商业、交通运输、绿地等各类建设用地构成，开发强度高，生态价值低。

2. 分区保护策略

生态保育区具备天然林总量大、质量高的特点。其作为生态安全指数最低、生态功能极其重要的区域，必须实行最严格的保护，划定生态保护红线，按照国土空间管理的要求，对各类型用地做限制条件，严格禁止开发性和生产性建设。对影响生态功能的永久基本农田、镇村、矿业权进行有序退出与保留，增加生态林、控退商品林，保障区域内生物多样性维护与生态涵养功能。该区域所有生态资源都受到保护，对其进行封育修复，原则上禁止人为活动。 在原有村庄原住居民区域不扩大现有建设用地及耕地规模的前提下，改善、修缮居民生产生活设施，保留必需的放牧、养殖等活动。对于水源地、重要水域，应同时开展保护区划界和隔离防护，加强水系源头重要生态空间管控，根据国土空间规划和水域保护等专项规划加强水域及其岸线管理；建立水域信息管理系统，制定河湖健康和河流水生态健康评价方法，开展定期调查评价，切实加强各项基础工作。

生态缓冲区应以保护自然资源和生态环境为前提，增加绿色基础设施以及绿地覆盖面积，从而慢慢发展成生态保育区的状态。除国家重大项目外，仅允许有限的人为活动与必要的公共设施建设，禁止开展与生态保护无关的开发建设活动，严格执行清退、转化规定。对于确需进行建设的项目，应当对现场环境进行详细的调研，同时进行充分的评估论证，并征求利害关系人的意见。评估合格的项目按照有关程序报主管单位批准后，建设单位方可办理有关手续。对于区域内耕地用地，经过现场调研和评估后，按照相关政策要求可根据耕地地块的大小和发展潜力对其进行保留或整治，如保留较大区域的耕地做生态耕地，零星斑点的小块耕地可退耕还绿，扩大绿地的覆盖面积。

生态过渡区的主要作用是隔离保护区与非保护区，使其具备一定的过渡缓冲能力，因此管控较弱，允许不高于一定比例的、与生态保护相适应的项目用地作为生态过渡区。

生产生活区内，城市建设应严格按照相关法律法规要求进行开发建设，对居民点、道路等制定不同规模或不同等级强度的限制建设开发要求。对于区域内的耕地，切实加强保护，坚决遏制耕地“非农化”，严格落实国家“四严禁、五不得、六严禁、八不准”政策。加强撂荒地治理，因地制宜地把撂荒地种好用好。完善耕地占补平衡制度，将各类对耕地的占用统一纳入占补平衡管理，健全补充耕地质量验收制度。调动农民保护耕地、种粮抓粮的积极性，建立种粮农民收益保障机制，发展多种形式的适度规模经营。结合乡村自然景观和文化景观，利用耕地开展观光农业、农事体验、产业融合等特色活动，拓宽乡村主体增收渠道。禁止在区域内采矿点等严重破坏生态环境的区域进行开发建设活动。工业和交通建设用地，特别是独立工矿用地，建设规模应当按照国家规定的行业用地标准严格控制，严禁超标占地。建设用地与非建设用地之间应通过建设生态隔离带维护市域生态格局，防止城镇无序蔓延，保障城市安全，为农村居民生产生活的有序开展和为城市居民提供休闲场所提供保障。

本书鼓励以发展生态旅游为手段，平衡保护与利用、自然保护与当地社区经济社会发展的关系；通过科研、教育、解说、游憩等活动，不断丰富自然教育手段，形成资源开发与保护、国民旅游与自然教育及科学研究相结合的保护模式；构建游客管理模型，以分析游憩活动对区域生态环境的影响，评估旅游活动造成的环境污染、植被破坏、交通拥挤、文化冲突等，为开展合理的旅游活动提供实时指导。建设项目规划选址方案经城乡规划主管部门审查，并报当地人民政府批准同意后，方可按项目建设基本程序办理有关手续，同时有关单位应在核发项目意见书后报市城乡规划主管部门备案。

5.2.2 生态修复管控

利用 ArcGIS 平台中的优化热点分析工具（Optimized Hot Spot Analysis）对生态安全评价得分进行地图聚类分析（图 5-1 ～图 5-3），识别具有统计显著性的冷点空间位置，可以直观地判断生态安全评分低的区域的空间聚集情况。对集中连片的低得分区域先行识别风险源，将修复管控作为优先开展的工作重点，以防止损害生态安全的因素蔓延，从而降低区域生态风险，及时稳固生态格局。

生态安全冷点区域（置信度 99% 统计显著性的低评价得分区域）内用地类型主要为道路、工业用地等建设用地，以及耕地、草地、河流水体、少量林地。这些生态保护区域与重点修复区域相叠加，主要覆盖了生态保育区中的部分重要生态廊道保护修复区、生态节点综合整治与修复区、重要河湖水生态保护区，以及大部分的生态过渡区和生产生活区，以此为依据制定生态修复工作清单，见表 5-2。

1. 工矿用地生态修复

研究区域内工矿用地是影响生态安全的重要风险源之一。工矿业生产活动除了会造成山体破损、植被断裂等明显的生态破坏问题，还会产生以重金属污染为代表的较为隐蔽的土壤污染问题，对土壤生态造成持续的、可扩散的消极影响。工矿用地的生态修复工作包括受损边坡修复、污染土壤修复、生态隔离带建设等内容，

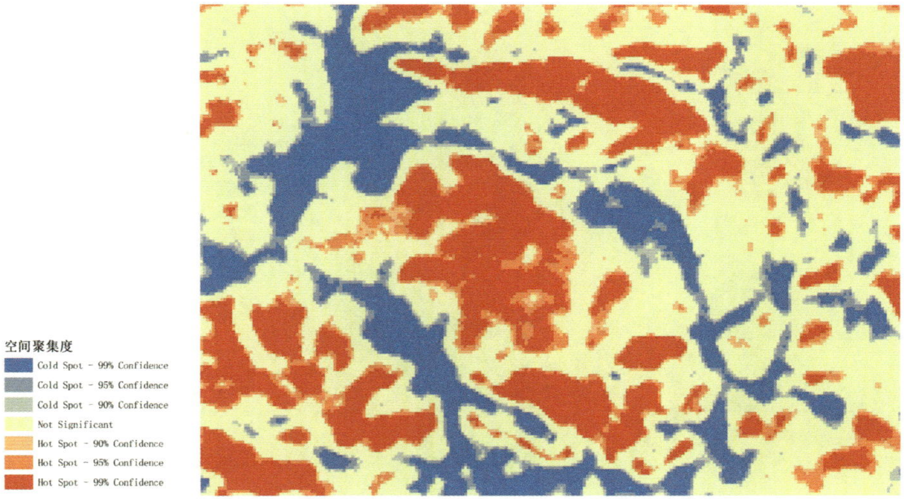

图 5-1 生态安全评价地图聚类分析 1

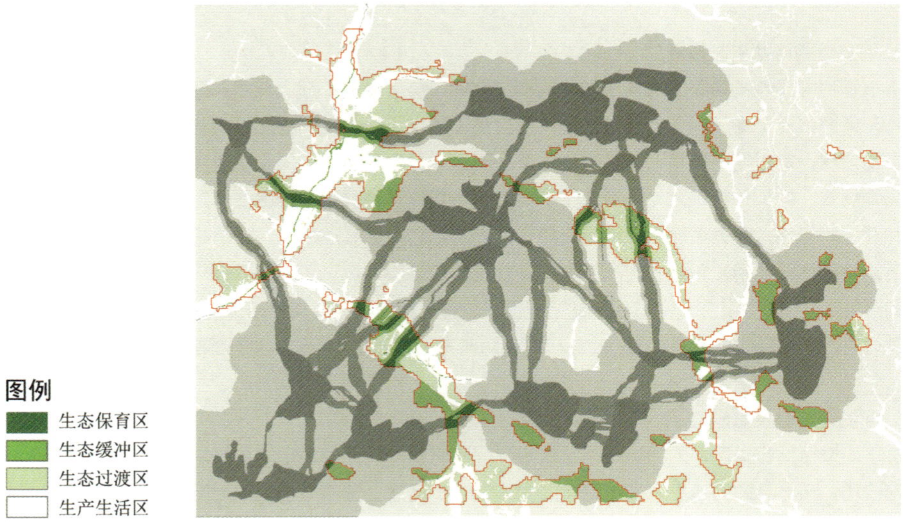

图 5-2 生态安全评价地图聚类分析 2

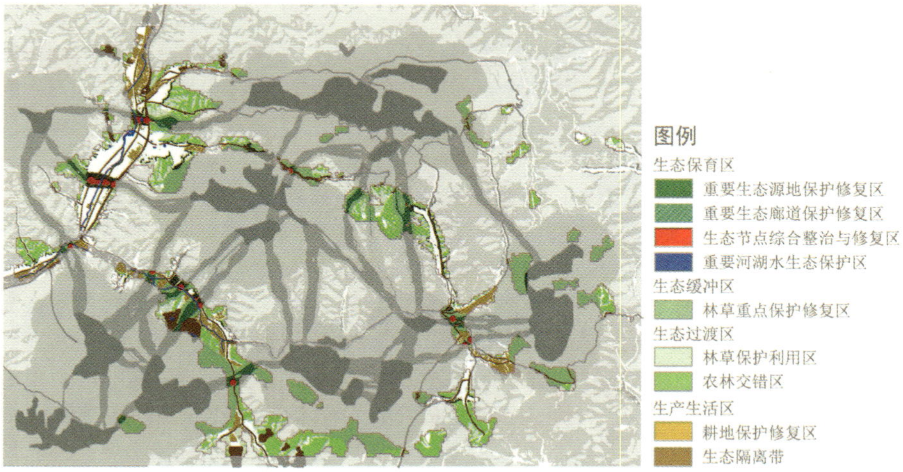

图 5-3 生态安全评价地图聚类分析 3

以消除地灾隐患，重建完整植被斑块，控制土壤污染的迁移和扩散。

2. 城乡道路用地生态修复

本书综合考虑城乡道路廊道对生态功能的“阻断”与“连接”双重作用。随着城镇化的发展，大量公路、自行车道等线性交通工程入侵自然环境，对自然环境中已经稳定的生态结构和长久以来野生动物生存繁衍的栖息地造成一定程度的破坏，对生物的生存空间造成分割和打断，加深了自然栖息地的破碎化程度，对动物的食物获取、繁衍迁徙等活动都造成了不良影响，导致其种群数量和种群稳定性受到影响。对于道路工程的这种“阻断”性，应该采取相应的措施如进行野生动物通道专题研究，将消极影响降到最低。道路系统还包括道路两侧的绿化带，它们又构成了另一种线性廊道结构，促进了某些平行于廊道的物种流动。对于道路廊道的这种“连接”性，应该采取相应的措施使其发挥更大的积极作用，如设置有效宽度的、连续的生态隔离带，并对生态隔离带的植物构成进行专题研究，同时考虑增加蜜源植物，扩展蜜蜂等传粉昆虫的生存空间。

3. 河流缓冲带生态修复

位于人类活动密集区域的河流生态系统极易受到干扰，农业和城市的扩张均会加剧对自然河岸土壤以及植被的破坏，从而导致河流生态系统退化。尤其是位于河流上游的微小流域地区，其生态系统具有相当显著的脆弱性和重要性。同时，实践表明，河湖生态缓冲带具有多重生态服务功能，是控制非点源污染的最佳管理切入点之一，也是多种陆生、两栖、水生动物共同的栖息家园。对河流缓冲带的生态修复应包括河道疏浚、汇水分区面源污染控制、河流缓冲带宽度及植被结构专题研究、鱼类两栖类等本土水生湿生动物保护专题研究等内容，以提升水域生态廊道的质量和连通性。

表 5-2 生态修复工作清单

近期开展			
1	工矿用地生态修复	1.1	受损边坡修复
		1.2	污染土壤修复
		1.3	生态隔离带建设
2	城乡道路用地生态修复	2.1	生态隔离带连通性修复
		2.2	蜜源植物专题研究
		2.3	野生动物通道专题研究
3	河流缓冲带生态修复	3.1	河道疏浚
		3.2	汇水分区面源污染控制
		3.3	河流缓冲带宽度及植被结构专题研究
		3.4	鱼类、两栖类等本土水生湿生动物保护专题研究
4	耕地及农林交错区生态修复	4.1	耕地土壤修复
		4.2	面源污染控制
		4.3	农林交错区、林缘带自然边缘结构恢复
		4.4	提升草地群落质量，增加食源、蜜源植物
		4.5	鸟类、昆虫等交错区物种保护专题研究
5	城乡居民生活点蓝绿空间布局	5.1	完善重要生态廊道选线上的绿地布局
		5.2	增加线性绿地连通性
		5.3	增加踏脚石功能斑块
		5.4	园林绿化中乡土植物功能性群落专题研究
长期开展			
6	林地生态修复	6.1	提升林地质量，优化林地结构

4. 耕地及农林交错区生态修复

耕地及农林交错区是城乡环境与自然环境的过渡区域，是半自然属性最为突出的区域，是自然因子与人为干扰互相作用最为活跃的区域，也是景观特征变化最为明显的区域。该区域由于耕地、林地、草地等多种类型斑块的互相衔接和镶嵌，具有多种生态学尺度上的边缘效应，同时其也是一些边缘物种以及某些鸟类等多生境物种的偏好活动区。对于耕地类节点，应在适宜性评价基础上，整合耕地、聚零为整，合理退耕休耕、荒地复垦，开展耕地土壤修复，提升土壤肥力，科学规范使用化肥；控制面源污染，构建农田缓冲带，控制水土流失，开展侵蚀沟治理；在农林交错区、林缘带恢复自然边缘结构，重建灌木地被层，丰富边缘生境；提升草地群落质量，增加食源、蜜源植物；开展鸟类、昆虫等交错区物种保护专题研究。

5. 城乡居民生活点蓝绿空间布局

城镇、乡村等城乡居民生活点中的蓝绿空间布局要结合区域周边的自然地区统筹考虑，结合重要生态廊道选线统一规划，完善重要生态廊道选线上的绿地布局；增加线性绿地的连通性，结合生态夹点位置适当提高线性绿地宽度；在廊道关键节点（生态断裂点、生态障碍点）位置开展生态节点综合整治与修复，增加点状、面状绿地空间，增加踏脚石功能斑块，通过生态功能良好、生物多样性良好的功能性乡土植物群落的合理搭配，提高园林绿化的整体生态性能。

6. 林地生态修复

长期开展林地生态修复，以保护保育、自然恢复、辅助再生和生态重建为手段，通过透光抚育、生长抚育、植物造林等人工技术提升林地质量；加强森林管护和质量提升，优化低效林和疏林地的树种结构；构建地带性本地群落模式，对林下灌木地被层进行重建。

5.3

生态安全影响因素分析

为有效提高研究区域的生态安全，筛选出评价指标体系中对生态安全起主要影响作用的因素进行影响因子分析，根据生态安全评价体系分析，本书选取自然 – 社会 – 经济因素、土地利用、景观斑块数 3 个主体指标，分析其与生态安全变化之间的响应关系。

5.3.1 分析方法

因子分析法就是用较少的几个因子去描述较多指标或因素之间的关系，也就是将关系较为紧密的几个变量归在同一类中，把这一类变量当成一个因子，用较少的几个因子反映原始数据的大部分信息。根据生态安全指数的变化规律，本书依据 SPSS 19.0，采用因子分析法（水平显著系数、相关性系数）对影响因子与生态安全指数进行相关性分析。其中，相关矩阵也叫相关系数矩阵，是由矩阵各列间的相关系数构成的。也就是说，相关矩阵第 i 行第 j 列的元素是原矩阵第 i 列和第 j 行的相关系数。设（$X_1,X_2,X_3\cdots X_n$） 是一个 n 维随机变量，任意 X_i 与 X_j 的相关系数 P_{ij}（i，$j=1,2,3\cdots n$）存在，则以 P_{ij} 为元素的 n 阶矩阵称为该维随机向量的相关矩阵，记作 R。即 [43]，

$$R=\begin{bmatrix} P_{11} & P_{12} & \cdots & P_{1n} \\ P_{21} & P_{22} & \cdots & P_{2n} \\ \vdots & \vdots & \vdots & \vdots \\ P_{n1} & P_{n2} & \cdots & P_{nn} \end{bmatrix} \quad (5\text{-}1)$$

$$P_{ij}=\frac{COV\left(X_i,X_j\right)}{\sqrt{DX_i\sqrt{DX_j}}},\ COV\left(X_i,X_j\right)=E\left(X_i-E\left(X_i\right)\right),\left(X-E\left(X_j\right)\right) \quad (5\text{-}2)$$

相关性系数 R 表示因子之间关联性的强度，其中 8.0 ～ 1.0 表明极强相关，0.6 ～ 0.8 表明强相关，0.4 ～ 0.6 为中度相关，0.2 ～ 0.4 为弱相关，0 ～ 0.2 为无相关。

5.3.2 与自然—社会—经济因素的响应分析

本书以自然、社会、经济因素为基础，选取 7 个指数作为因子，运用因子分析法计算它们间的相互关系（相关系数绝对值越大，影响越大）。研究结果显示，影响研究区域生态安全指数变化的主要相关因素是植被覆盖度，人类活动影响与道路（影响度分别为 0.863，0.826，0.713）。

由此可见，研究区域生态安全指数主要受到自然环境和经济活动的影响。这表明研究区域生态安全与生态环境建设产生的影响较大，在远离人为干扰的地区进行生态环境建设可以大大提高该地区的生态安全。所以，应该严格控制经济建设的无序发展，并持续增加生态环境建设。自然－社会－经济因素相关性矩阵见表 5-3。

5.3.3 与景观类型的响应分析

本书以 5 种景观类型为基础，从面积与斑块两个角度分析，运用因子分析法计算它们间的相互关系。研究结果显示：①生态安全与林地斑块数量，生态安全与草地斑块数量均表现为强相关性 (P=0.000，R=-0.683；P=0.000，R=-0.653)；②生态安全与林地面积表现为中度相关性 (P=0.003，R=-0.484)；③生态安全与耕地和水体斑块均表现为弱相关性 (P=0.124，R=0.297；P=0.139，R=0.292)；④部分景观类型由于面积变化较少使得其在显著系数上不具备统计学依据。景观类型显著系数见表 5-4，景观类型相关性系数见表 5-5。

因此，未来在保护并提升现有林草空间的前提下，还应大力整合草地林地斑块数，保护现有草地面积并提高草地覆盖度等级，控制建设用地面积；合理地对耕地进行管控，整合其斑块数量，在保证正常生产的同时，防止无序开垦破坏林草空间。

表 5-3 自然－社会－经济因素相关性矩阵

项目	生态安全	道路	高程	旅游	植被覆盖度	坡度	人类活动影响	工业
生态安全	1.000	0.713	0.262	0.360	0.863	0.547	0.826	0.547
道路	0.713	1.000	0.032	0.231	0.557	0.446	0.619	0.238
高程	0.262	0.032	1.000	-0.157	0.449	0.085	0.375	0.288
旅游	0.360	0.231	-0.157	1.000	0.126	0.171	0.121	0.084
植被覆盖度	0.863	0.557	0.449	0.126	1.000	0.565	0.908	0.351
坡度	0.540	0.446	0.085	0.171	0.565	1.000	0.604	0.197
人类活动影响	0.826	0.619	0.375	0.121	0.908	0.604	1.000	0.413
工业	0.540	0.238	0.288	0.084	0.351	0.197	0.413	1.000

表 5-4 景观类型显著系数

项目	草地	耕地	建设	林地	水体
生态安全与面积	0.444	0.159	0.663	0.003	0.463
生态安全与斑块	0.000	0.124	0.732	0.000	0.139

表 5-5 景观类型相关性系数

项目	草地	耕地	建设	林地	水体
生态安全与面积	0.132	0.273	0.075	-0.484	0.147
生态安全与斑块	-0.653	0.297	-0.059	-0.683	0.292

5.4

技术措施

筑牢生态安全格局是践行生态文明理念，实现“碳达峰、碳中和”的重要举措。基于崇礼区生态安全格局，依据规划区域内生态、农业和城镇三大空间的自然资源类型与主导生态功能，考虑自然地理单元的完整性，再根据不同分区和单元内的生态特征与关键生态问题差异，本书因地制宜地制定了生态修复方向和策略。在此基础上，本书进一步对区域典型生态系统分门别类地制定行动计划，实现对山水林田湖草生命共同体的系统修复。通过制定面向实施的生态系统修复行动计划，本书明确行动目标，衔接重点行动工程，统筹区域河湖、森林、草地、农田和城镇五大空间的系统修复，全面推进崇礼区山、水、林、田、湖、草、沙、城全要素的系统修复，不断筑牢崇礼区生态安全格局和基底，全面提升自然资源承载力和城乡空间品质。各系统修复区域见图 5-4 ～图 5-7。

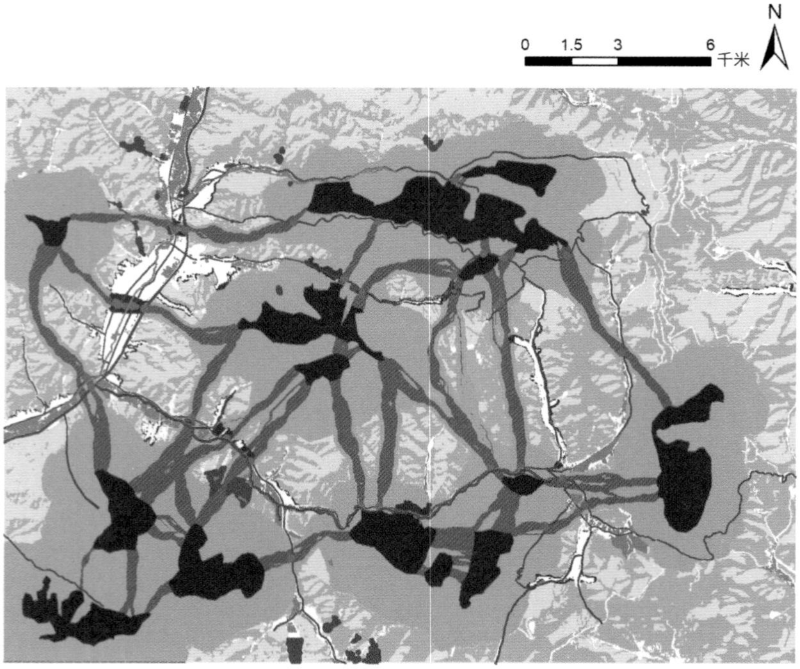

图 5-4 河湖生态系统修复区域

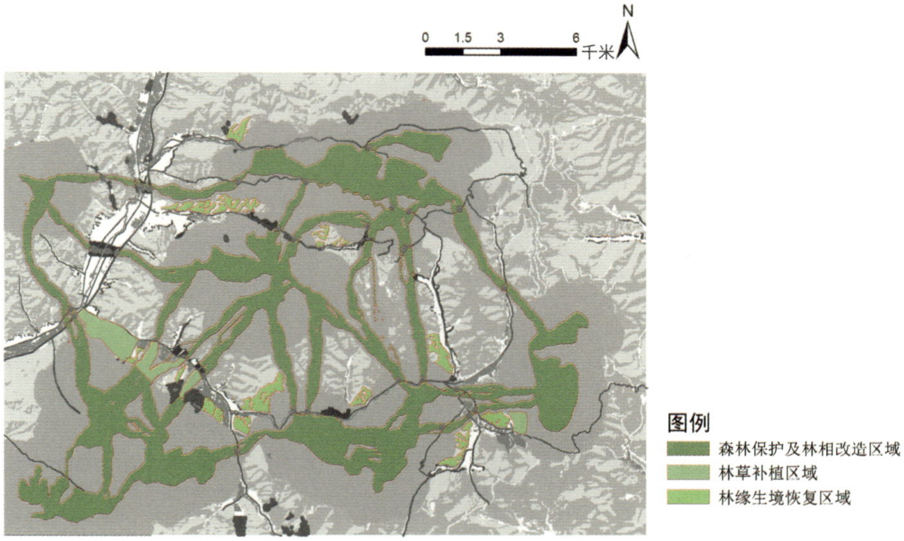

图 5-5 森林、草地生态系统修复区域

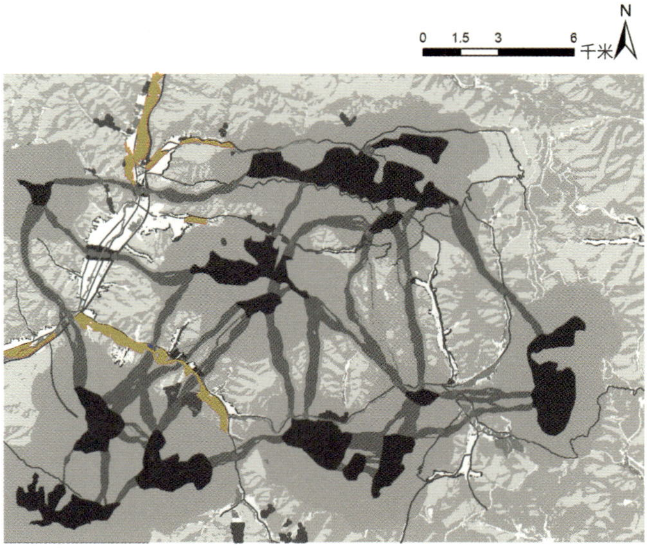

图 5-6 农田生态系统修复区域

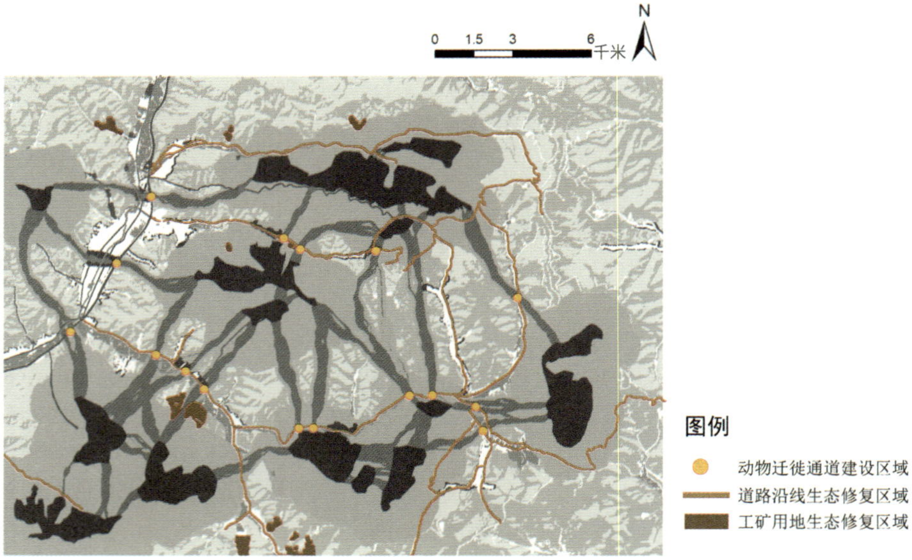

图 5-7 城镇空间生态修复区域

5.4.1 河湖生态系统——构建碧水绿廊

本研究通过采取工程措施与生物措施相结合、人工治理与自然修复相结合的方式，以拟自然理念为指引，全面提升河流生态系统服务功能，提高生态保育区的生态安全水平；结合太子城沟水系及山地汇流情况，因地制宜地设置生态湿地，满足生物栖息和居民游憩的需求。

1. 水质改善与维护

按照流域环境综合治理实施的总体要求，项目团队通过实施点源面源综合治理和河湖内源综合治理等措施，加大对水体的保护，强化对受污染水体的防治，开展对陆域源污染到河湖内源污染的全过程治理。

（1）水体保护。对于未划定保护区或已划定保护区未采取隔离防护措施的重要河流水系，按照规范化建设要求，采取保护区划定、隔离警示防护、污染源搬迁或取缔、水源涵养和修复等措施。

（2）点源面源综合治理。对于水质较差的河流，结合水污染防治行动计划、生态环境保护规划等要求，开展点源、面源治理。对于富营养化问题突出、面源污染较为严重的水体，结合污染物拦截净化措施，加强农村农业面源污染治理。

（3）河湖内源综合治理。针对内源污染严重的河湖，实施河湖生态清淤、生态净化等措施。

2. 生物栖息地保护修复

对于受损的重要生物栖息地，结合河湖滨岸带治理，开展栖息地生态系统恢复和河床底质多样性保护修复。通过配置乔、灌、草相结合的植被群落，构建宽度适宜的植被缓冲带（图 5-8），完成栖息地生态系统恢复。通过保持或恢复泥、石和沙等的自然形态，营造有利于水生植物生长、底栖动物和鱼类觅食与繁殖的自然环境，实现河床底质多样性保护修复。

1）水位变幅区生态修复

保持变幅区内高低起伏的自然形态，对被束窄的河道，尽量退还河流生态空间，恢复河滩地；对已硬化的堤脚，采用抛石、石笼等营造河滩。水位变幅区生态修复主要包括基底修复、植物群落修复和生境营造。

（1）基底修复。基底底质物理化学特性调整改造包括淤泥清除、污染底泥覆盖及部分换土等，以满足水生生物生长、繁殖与栖息要求。

参照《湖泊河流环保疏浚工程技术指南（试行）》进行基底调查评估，根据调查评估结果，对于含有污染底泥、重金属、有毒有害垃圾等污染物的基底进行生态疏浚、改造或修复，妥善处置与资源化利用疏浚底泥，防止二次污染环境。为增强挺水植物恢复区生境多样性，适当清理污染底泥及腐殖质堆积区，部分地区采取覆盖、部分换土的方法进行土质调整；根据情况适当清除沉水植物恢复区淤泥，提升植物根系固着能力。

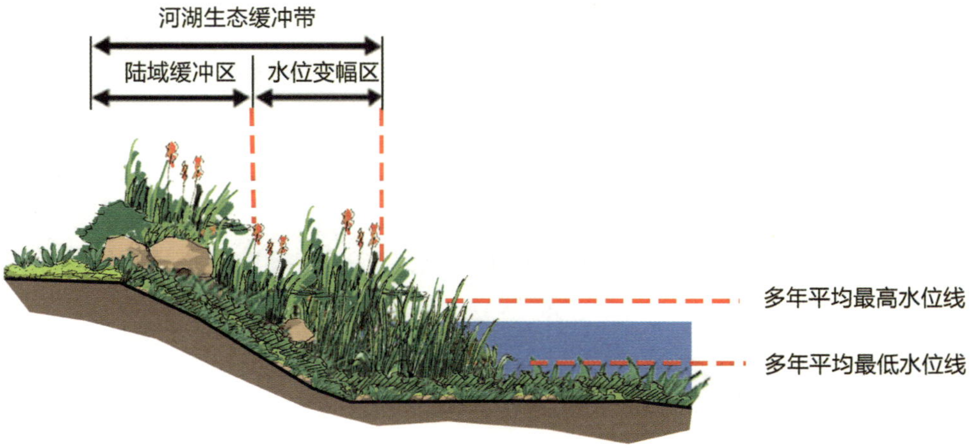

图 5-8 典型河湖生态缓冲带结构

（2）植物群落修复。水位变幅区植物群落修复主要针对由于乱挖、乱占等生产建设活动导致植物群落被破坏的河滩地。在遵循本地物种优先、保护当地特有生境、提高生物多样性等基本原则的基础上，注重植物的生态习性、空间配置和时间配置，重点种植常绿植物，提升滩地植物的拦截净化能力，改善河岸生态景观效果。

水位变幅区植被恢复范围为高、低水位之间的岸边水域，一般保证有 3 ～ 5 米的宽度范围。植物群落恢复区应基于河滩地的水流条件，确保植物群落修复后的稳定性（图 5-9）。植被恢复种类主要包括水生维管束植物（沉水植物、浮叶植物、挺水植物）。河道有行洪排涝需求时，不种植沉水植物、浮叶植物和大型木本植物。通过人工措施或辅助措施，配置沉水植物群落形成水下森林，水下森林主要用于深度净化水体，直接快速地吸收同化水体中的污染物，削减氮磷等营养物质，改善水体溶解氧含量情况，抑制藻类生长，提升河道自净能力，改善内部循环。

（3）生境营造。基于生物群落修复情况，营造两栖类、鸟类等的动物栖息环境，提升植物种类多样性，形成小型生态系统，利用树木或不规则石块等营造动物栖息地封闭区域，并增设人工渔礁，优化其生存环境，保护水位变幅区与河岸带结构的完整性。基于湿地现状，根据水生动植物对生境要求的差异，通过保障水源、营造鸟岛及种植涵养水生植物等措施，构建湿地保护空间，形成丰富的湿地环境。

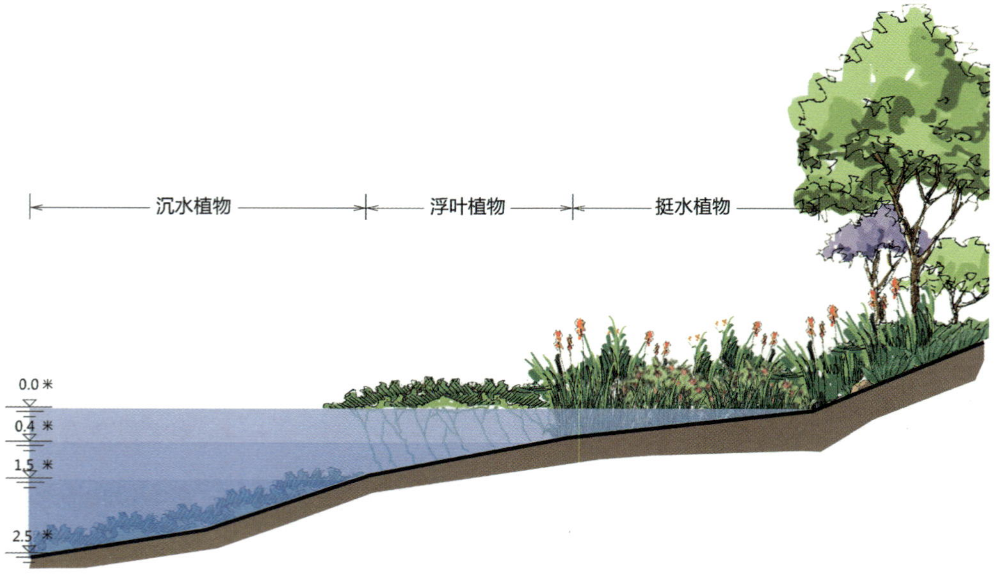

图 5-9 水位变幅区植物群落修复示意

对受人类活动影响大、栖息地结构单一的城市河流，在条件允许时，构筑必要的湿地或砾石群，提升河道的生境多样性；适度形成深浅交替的浅滩和深潭序列，浅滩和深潭结合小型结构物（导流装置、生态潜坝）、河床抛石（面积不超过河底面积的 1%，直径不小于 0.3 米）、人工鱼巢等设计，构建急流、缓流和滩槽等丰富多样的水流条件及多样化的生境条件。针对地势较为平坦、受人类干扰破坏较强的平原区河流，通过抛石、丁坝等营造河流丰富的流态。针对海拔高、河流坡降大、水流速度快的山区河流，利用河流地貌自然结构营造生境，结合高坡降、垂直侵蚀大的河道特点，构建人工阶梯、深潭等生境。

2）陆域缓冲区生态修复

陆域缓冲区生态修复重点构建乔木—灌木—草本植被带，生态修复内容主要包括基底修复、植物群落修复和物种配置。

（1）基底修复。陆域缓冲区基底地形地貌改造应衔接汇水区域地形，使得径流均匀流入缓冲带区域。在总体坡度得到控制的条件下，允许河岸带的地势起伏及小洼地存在。拆除侵占河流生态缓冲带的构筑物，根据植被恢复要求，因地制宜地对地形进行整理。

（2）植物群落修复。选取对氮、磷等污染物去除能力较强、用途广泛、经济价值较高、观赏性强的植物品种，采用乔木 + 灌木 + 草本、乔木 + 草本、灌木 + 草本的配置方式进行种植。

乔灌草植被区域分为邻水区、中间过渡区和近陆区（图 5-10）。

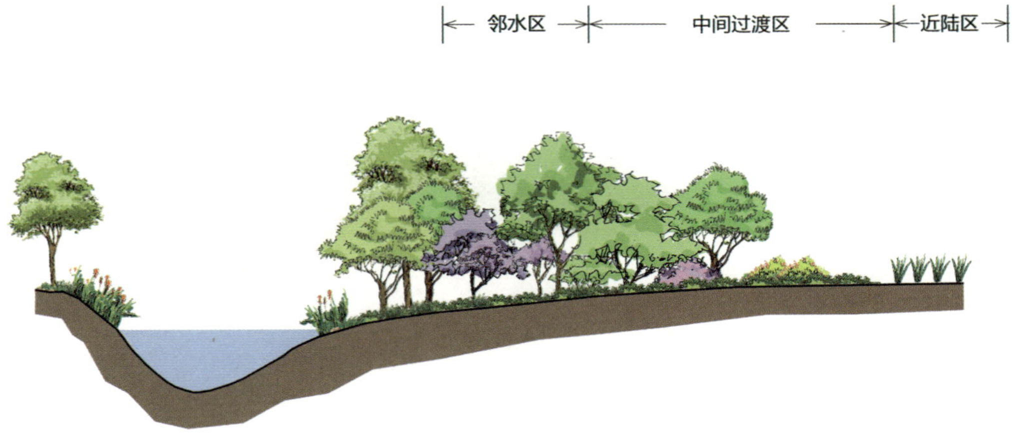

图 5-10 陆域缓冲区乔灌草地植被区域构建示意

邻水区位于河流水陆交错区，以乔木林带为主，可保护堤岸，去除污染物并为野生动物提供栖息地，宽度不低于 5 米。中间过渡区以乔灌木树种为主，可减少河岸侵蚀、截留泥沙、吸收滞纳营养物质、增加野生动物栖息地，宽度不低于 15 米。近陆区位于外侧远离河岸的区域，主要以草类植物为主，可穿插配置灌木，用于阻滞地表径流中的颗粒物，吸收氮、磷，降解农药等污染物，宽度一般不低于 6 米。陆域缓冲区乔灌草地植被区构建实景见图 5-11 ～图 5-15。

图 5-11 陆域缓冲区乔灌草地植被区构建实景 1

图 5-12 陆域缓冲区乔灌草地植被区构建实景 2

图 5-13 陆域缓冲区乔灌草地植被区构建实景 3

图 5-14 陆域缓冲区乔灌草地植被区构建实景 4

图 5-15 陆域缓冲区乔灌草地植被区构建实景 5

5.4.2 林草生态系统——厚植绿色基底

按照近自然理念和生态演替理论，本书以保护保育、自然恢复、辅助再生和生态重建为手段，加速受损害的林草生态系统正向演替进程，尽快恢复到生态功能强、树种结构优、系统稳定、综合效益好的地带性顶级群落；通过有效的人工干预，使林草系统的生态效益和经济效益有机结合并得到最大限度的发挥。

1. 开展森林保护及林相改造工程

本项目实行分区保护改造，对于林地质量高、以中龄林和成熟林为主的重要生态源地、重要生态廊道、重要生态节点以及林草重点保护修复区域，以自然恢复为主，辅以疏伐、生长伐和卫生伐等措施，伐除密度过大、生长不良的林木，间密留匀、去劣留优，进一步调整林分树种组成和空间结构，为目标树或保留木留出适宜的营养空间。一次间伐强度不超过总株数的 35%，伐后郁闭度保持在 0.6 ～ 0.7。对于林地质量一般、以幼龄林为主的林草保护利用区，通过透光伐、定株抚育、补植、修枝、浇水施肥等措施，构建地带性本都群落模式，伐除上层或侧方遮荫的劣质林木、霸王树、萌芽条、大灌木、藤蔓等，对纯林间密留匀、去劣留优，伐去质量低劣、无培育前途的有害树和过密的辅助树。对于混交林，调整林分组成，伐去生长不良和影响目标树生长的林木，调整林分树种组成和空间结构，改善保留木的生长条件，促进林木高生长。透光抚育采伐后，保留幼苗 2 400 ～ 3 600 株 / 平方公顷，郁闭度不低于 0.6，人工林郁闭度不低于 0.7。

2. 补植恢复植被

本项目对生态保育区的重要生态廊道、重要生态节点、生态缓冲区及生态过渡区的林地，尤其是林地单位面积蓄积量较低、目的树种较少、分布不均、林下更新不良、林分结构单一、林地生产力低下、 郁闭度 0.5 以下的林分，林间空地和“天窗”分布较多、造成大面积林地浪费的林分，覆盖度较低、分布不均的低效灌木林，天然更新等级不良的成熟林，开展补植补造，完善林分结构。补植的主要树种为白桦、落叶松、青杆、云杉等乡土树种。补植密度原则上不低于 600 株 / 平方公顷。补植补造采用均匀补植或块状补植的植苗造林方式，见空合理补植。补植后适时进行幼林抚育管护，进行松土除草，及时割除穴外影响幼树生长的杂草、灌木。此项工作连续 3 年，每年 2 次抚育。

本书根据不同的草地类型和退化程度，采取封育、补播、施肥、松土、改建人工草地等方式来促进退化草地的正向演替。长期过度利用退化草地会导致土壤板结、紧实度增加、透气性降低，阻碍植物根系发育。本项目通过浅耕翻、耙地、划破草皮、切根等方法，对土壤进行不同程度的疏松处理，改变土壤理化性质而使原生植被得以恢复；对于退化程度较低的草地，通过人工补播、机械补播、飞播等方式，播种适合当地生境的优势草种，改善草地植物群落结构，恢复局部裸地和退化地，提高草地生产力和物种多样性。草地退化过于严重时，依靠自身恢复力不足以恢复，这种情况下可采用建植人工草地的方法系统快速地恢复受损的草地。

3. 开展林缘生境恢复工程

本项目遵循生态恢复和边缘效应理念，对农林交错地区及其他林缘地带，恢复其自然边缘结构，补植食源、蜜源植物，增加乡土地被植物，丰富林地区域的植物多样性，营造林地边缘自然丰富的生态景观（表 5-6）。林缘边界外 4 ～ 8 米到林缘边界内 4 ～ 6 米作为林下地被植物配置的重点地段，从缘外到缘内依次配置阳生、耐半阴、耐阴和阴生植物。在边界缘外 3 米到缘内 2 米是边缘效应强度值最大的区域，配置观赏性状良好的观花、观叶等耐半阴、耐阴灌木。跨度小于 20 米的林带下，满栽地被植物；跨度大于 20 米的林带，在缘内 8 米后粗放配置或不做处理，任其自然演替。林缘生境实景见图 5-16 和图 5-17。

表 5-6 林缘带植物种类名目表

植物种类	植物
优质乡土树种	云杉、樟子松、白桦、丛生白桦、蒙古栎、黑榆等
可提供蜜源的植物	山荆子、紫丁香、珍珠梅、榆叶梅等
坚果类、浆果类植物	樟子松、八棱海棠、金银木、山楂树、核桃、山桃、山杏等

图 5-16 林缘生境实景 1

图 5-17 林缘生境实景 2

5.3.3 农田生态系统——建设生态农业

1. 修复退化、污染的耕地生态系统

本项目对耕地污染特征和生态危害进行集成分析，采取“分区修复 + 分类实施 + 多元协同 + 生态重构”的修复策略。在不破坏农田土壤基本组成和土体结构的基础上，以生物生态修复为主，辅之以化学修复剂物化反应和工程物理措施相结合的综合生态修复措施，通过生物的吸收、转化和富集，加之化学、物理相互作用对污染物进行氧化、还原或物态改变等，实现污染物的治理和土壤生态修复。

2. 统筹生产空间，重构各类生产要素

本项目整合耕地、聚零为整，协调田、塘、埂、林、路等生态要素，打造一体化生态网络；平整片区道路，按照不同功能特点，设计生产路、田间路与游憩步道 3 种主要道路类型。生产路宽 2 米，以节约工程成本、低碳循环利用、凸显乡土特色为出发点，主要有碎石路与青砖路两种设计形式。田间路宽 4 米，以便于车辆通行、发挥海绵体作用为出发点，中央 1 米段设计为土质，两边铺设水泥，一方面有效减少过往车辆对原土质道路的破坏，另一方面保留中间道路的自然风貌，保留道路部分渗水功能。游憩步道宽 1.5 米，以减少人为干扰、保护物种多样性、发挥景观美化功能为出发点。结合生态技术和特殊处理手法，本项目在池塘中央铺设架空的木质栈道，以减少对水体动植物生境的破坏；合理设计栈道曲度，曲径通幽，野趣十足，增强其景观美化功能；在农田周边建设生态沟渠，在沟底铺设多孔水泥板与碎石，后期种植地被植物，并在渠道中分段设置节制闸，减缓水流的速度，增加水的滞留时间和植物对养分的利用时间，同时提高水体的自净能力，并起到给微小动物提供栖息地的作用；依托土地整治工程，在生态沟渠靠农田区域一侧搭建生态阶梯——两栖类动物生态通道（图 5-18），通过阶梯深度、坡度等指数的合理设置，保证两栖类动物能通过自身力量进出沟渠，有利于其迁移、栖息与繁育。生产空间见图 5-19 和图 5-20。

图 5-18 生态阶梯——两栖类动物通道

图 5-19 生产空间 1

图 5-20 生产空间 2

5.3.4 城镇生态系统——塑造舒适人居

1. 加强城乡道路用地生态修复

1）生态隔离带连通性修复

为了维护城乡良好的生态环境，减少城市建设对生态安全的影响，本项目在公路、城市道路等线性空间沿线设立绿色隔离用地。隔离带的植物骨架以乔木林带为主，间断性栽植部分小乔木及灌木，形成层次较密的复式种植形式。树种选用深根性的或侧根发达的乡土树种，并且是展叶早的落叶树种或常绿树种，乔木类速生树种与慢生树种两者比例各占约 50%，有利于树种的更替和绿带功能持续稳定。本项目注重不同色彩植物的选择和搭配（表 5-7），如春色叶、秋色叶、常年异色叶等树种，以营造不同季相的植物群落景观；结合林地、河流、山体等自然景观资源合理设置慢行系统，充分挖掘人文资源，构建丰富的生态景观体系，实现生态功能与观赏功能的统一。生态隔离带实景见图 5-21。

表 5-7 生态隔离带植物种类名目表

植物功能	植物种类
观花（春景）	山桃、山杏、榆叶梅、野蔷薇、紫丁香等
观叶（秋景）	白桦、五角枫、元宝枫、蒙古栎等
观果	山荆子、金红苹果、冰红果海棠、山楂、金银木等
观枝干	白桦、红瑞木、黑榆等

2）动物迁徙通道建设

本项目基于生态安全网络，结合现场调查精确识别生态廊道与交通线路的交叉点位或者交通事故高发点位，将这些生态断裂点作为动物通道选址的推荐位置。结合交通工程本身，设置 3.5 ～ 5 米的下穿式通道。针对当地常见的狍子、野兔、青蛙等物种，在出入口设置水塘和较高的覆盖植被，起到吸引野生动物靠近并穿越通道的作用。为降低动物与车辆相撞的可能性，设置隔离栅阻挡野生动物直接穿越交通线路，引导野生动物向通道入口处移动。在通道边缘设置高度不低于 2.4 米的微地形和植被组合，以降噪遮光。此外，排水沟坡度优化设计、标志牌等设施也可有效辅助野生动物通道发挥其作用。

图 5-21 生态隔离带实景

2. 加强工矿用地生态修复

1）受损边坡修复

在经过长时间的过度开采后，矿山通常会出现地质不稳定的问题，存在山体坍塌等安全隐患。在山体生态修复前，应全面了解受损山体的地质环境，分析论证各种地质灾害的危险性，进行现状评估；依据评估结果，对矿山边坡进行清理、稳定和加固，清理陡峭边坡坡面上的杂物，使坡面沿断裂方向平顺，局部不平整处加填生态袋至坡面平整。

边坡在插入锚杆、铺设镀锌铁丝网后，依次铺设基质营养层、种子面层、植物纤维毯，选用适合当地气候和环境的乡土植物品种，如白榆、紫穗槐、胡枝子、沙棘、紫丁香、披碱草、紫花苜蓿等，采用异龄复层的植物群落配植模式，让草本植物快速生长覆绿，改善土壤生境条件，用灌木生根固土，用乔木固土保水保肥，最终形成具有自然演替能力的植物群落，实现陡峭边坡生态修复。边坡修复断面见图 5-22，修复目标见图 5-23，修复实景见图 5-24。

2）污染土壤修复

本项目基于研究区域工矿用地土壤污染现状，采用化学—生物协同修复方法，对土壤深耕整平后，向土壤中投入改良剂，对无机污染物及重金属进行固定转换、溶解抽提和提取分离，从而减少污染土壤中的污染物含量，

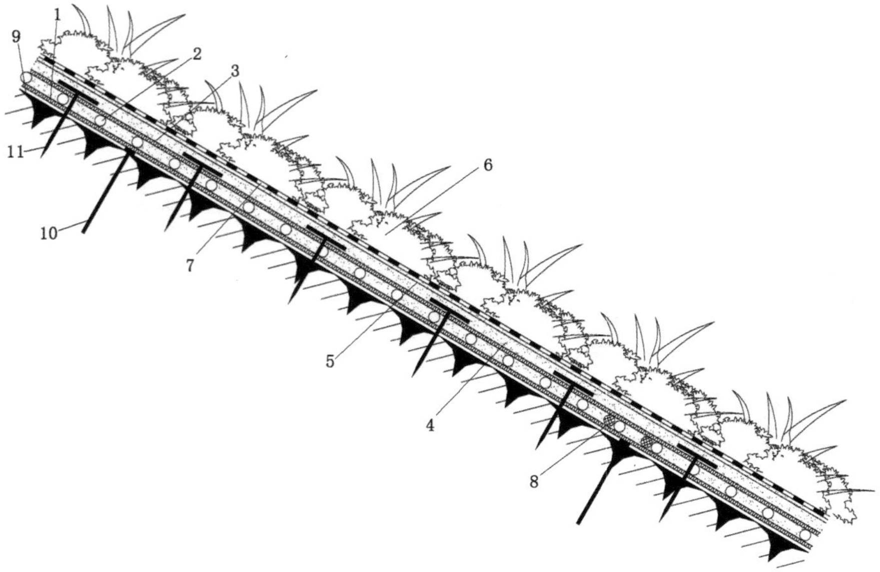

图 5-22 边坡修复断面

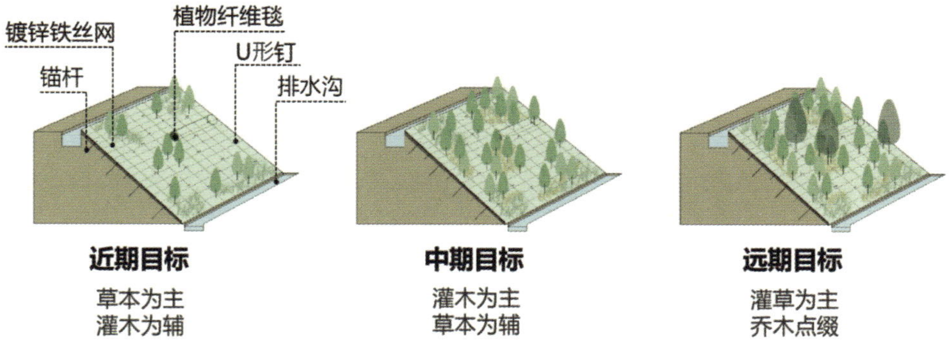

图 5-23 边坡修复目标

图 5-24 边坡修复实景

改变土壤环境条件；选取高羊茅、委陵菜、苦苣菜、柳树、杂交杨树、紫花苜蓿等富集植物和高生物量植物，采用种植稳定垫、蒸散覆盖、地下水迁移丛林、多重机制垫和多重机制缓冲区等方式组合种植，使植物生态修复技术效益最大化，也为实现物种多样性和多层次生态功能创造可能。

3）生态隔离带建设

本项目通过对采矿区在软轻风条件下扬尘污染情况的实地勘测和气象模拟，得出处于下风区域的城市以及居民点粉尘浓度与距离的函数关系，科学确定了工矿厂区和生活类城市用地之间的绿化隔离带范围；栽植抗污染、吸污染、滞尘能力强的树种，有利于稀释或吸附有害气体、粉尘，起降尘、隔离、分区、遮蔽作用，以草坪、乔灌木形成有一定空间和立体层次的屏障。树种选择以常绿落叶树木为主，配以色淡味香的花灌木组成复层混交林带，以减少对外界的噪声干扰，改善和调节小气候环境。

3. 推进城乡居民生活点蓝绿空间布局

1）挖潜增绿，优化布局

本项目充分利用树丛、树群、河流等已有的生态条件，在城市新区或用地充裕的区域植入大型公园绿地，在老城区内结合旧城改造，采用“拆违建绿”“见缝插绿”等方式，设置街头绿地小游园、生境花园等不同规模的踏脚石斑块，化零为整，化单一为丰富，贯穿连接不同的自然区域，完善生态空间网络。

2）生态介入，生境塑造

本项目模拟自然群落结构，营造林地、灌草丛、阳光草坪、河道溪流和湖滨滩涂等多样的陆生、湿生生境，为常见的游禽、涉禽、攀禽、鸣禽等提供生态栖息环境。新增植物群落应注重食源、蜜源植物的运用，结合生态措施预留生物栖息地廊道，如涵管通廊、人工鸟巢、昆虫屋等，进一步完善生物生境，促进生物多样性的提升。

3）复合利用，绿城融合

本项目在人流较为密集的开放区域，筛选具有观赏、芳香、康养等服务功能的植物品种，同时注重季相变化和空间特色，更好地为游客和居民提供服务；建立完整的公园游憩体系，覆盖全年龄段游客的使用需求，既保障生态系统的连续性，又真正引自然入城，为城区生活提供连续的自然空间，满足城市居民休闲、娱乐的需求。

5.5

工程实践

5.5.1 崇礼冬奥公园（崇礼城区至太子城冰雪小镇沿线综合提升工程）

1. 工程概况

崇礼冬奥公园位于研究区域最南端的太子城沟，东西分别连接崇礼城区和太子城冰雪小镇，全长约 18 千米，规划面积约 5 平方千米，工程区位图见图 5-25。

图 5-25 工程区位图

2. 难点挑战

1）地形复杂多样，基础数据不清晰，采集处理困难

太子城公路廊道是长约 18 千米的线性空间，尺度大，沿线地形复杂，涉及要素多，基础数据不清晰，因而面临数据采集工作量大、数据量大、数据处理困难的问题。当前行业基底数据最大流畅加载范围在 300 ～ 500 平方千米之间，通常比例为 1:1 000 或 1:500，远低于城市级 3D 数据加载实际需求，无法清晰描述植被群落及复杂地形地貌特征；基底数据信息由于来源多样、模式格式多样、时空数据与物理信息不一致，存在海量数据模型无法顺畅呈现应用的问题。

2）场地条件复杂，绿地景观建设周期紧张

崇礼地区冬长夏短，夏季降雨集中，冬季干燥寒冷，且廊道小气候特征明显，对于工程建设的限制较多，紧张的工期使项目建设充满挑战。因此，如何实现快速高质量施工、施工全程技术保障和精准监测管控，保证反季节植物成活率、景观效果、生态效益，降低建设成本，是设计团队要突破的难题。

3）多工程交叉，多主体管辖，规划设计统筹难
在廊道内，同步建设道路、河流、供水、污水、电力、通信、绿化景观等工程，最后还要对所有的工程扰动面进行绿地生态修复，需要对接各工程项目的主管单位和设计单位，协调工程的交界面等问题，上述统筹协调起来非常困难。

3. 设计思路
规划设计以“绿色办奥”理念为核心指导思想，统筹张家口赛区冬奥廊道的规划设计与营建，以生态景观实践生动诠释奥运可持续发展的科学途径，向全世界展示我国生态文明的建设水平和决心。

设计以打造生态风景道为重要建设途径，统筹赛时景观效果与赛后可持续利用，从生产、生活、生态 3 个维度开展工作，实现道路交通与生态环境、地域文化、旅游游憩、乡村振兴等方面的深度融合与可持续发展。在生产层面，主要统筹生态风景道赛时景观与赛后持续服务当地文化旅游发展。在生活层面，主要构建风景游憩体系，赛时赛后为运动员、当地居民和游客提供运动健身、观光体验、徒步越野等活动空间。在生态层面，明确当地景观风貌特征、识别修复区域、明确植物景观策略，统筹山水林田湖草居系统治理，构建人与自然和谐共生的景观格局。

4. 主要设计内容
规划设计团队在深入当地踏勘调研的基础上，广泛开展相关理论研究，利用数字化技术，构建区域数据模型。通过景观格局三维可视化分析与生态景观安全格局评价，将长约 18 千米的太子城公路廊道划分为三大系统，进行生态修复与景观营造。

（1）山水林田湖草居系统治理。在深入研究场地的基础上，将太子城公路廊道规划为“冬韵绿野一廊，山水林田四段”，对廊道沿线山林、农田、河流、村庄等景观要素进行统筹规划和系统治理。整体规划因山就势分为 4 个景观主题，分别是川林沃野、田园村舍、湿地浅滩和山峦叠翠，打造“山、水、林、田”四大坝上风光体验区；选择适地性近自然植被，开展景观修复、湿地恢复、农田整理、村庄环境整治、慢行系统植入、游憩配套设施的系统实施，形成涵盖全视野、全要素、崇礼区地域特色的生态风景廊道公园，有力改善张家口赛区生态环境以及提升冬奥遗产的赛后利用效率，带动当地的可持续发展。

（2）生态风景道系统营造。在太子城公路廊道生态基底修复的基础上，以公路、骑行道、步道、栈道的建设为依托，营建蓝绿交织的生态景观脉络，实现公路廊道向生态风景道的转变。通过生态敏感性分析和景观生态安全格局评价，识别生态源地和潜在生态廊道，划定不同的分区和建设强度，结合数据基底模型进行视线分析，对沿线进行分类分级打造。依据“藏三露七”的原则，以透为主，以近景的观赏为辅，营建区别于传

统道路绿化的、空间开合变化丰富的沿路景观。在保证常绿树满足规划要求的基础上，采用乡土树种结合自然野花种植模式，适当点缀乡土经济树种、彩叶树种和近景花灌木，形成展现地域特色的近自然植物绿廊。

（3）风景游憩系统构建。落实崇礼区自行车道系统规划，在太子城公路廊道建设长约 18 千米的风景游憩体系，为运动员和游客提供良好的风景体验，满足京张体育文化休闲带建设需求。利用山地、坡地、林地、河流等多种地形地貌，结合近自然风景林、滨水草甸花海、农田景观等，建设张家口赛区的风景骑行道、徒步越野道，为当地居民和外来游客提供运动健身、风景体验、徒步休闲等精品活动路线。

5. 项目特色

1）体育文旅与自然生态和谐共生

规划设计明确将当地文旅产业的发展与自然环境相互融合，对太子城公路廊道进行修复；同时，以乡土植物为主，顺应地形地貌，突出白桦林、落叶松林、乡土野花草甸等地域植物的风貌特色，形成近自然、高质量的森林绿地景观，相关景观见图 5-26 ～图 5-29。

2）山水林田湖草居系统保护治理

规划团队并未按常规方法对廊道沿线进行“头痛医头，脚痛医脚”式的设计，而是采用了山水林田湖草居一体化保护和系统治理的思路，对廊道内的山地、林地、草地、湿地、村庄等要素进行统筹治理，重塑了沿线的整体自然山水风貌，相关景观见图 5-30 ～图 5-35。

3）赛时需求与赛后利用统筹推进

在规划设计过程中，项目团队充分考虑赛时景观效果与赛后可持续利用。崇礼区赛时展现崇礼地区的生态景观特色，赛后其良好的自然生态环境将成为冬奥会留给河北省的生态遗产，助力当地打造全民、全季、全时、全域的“雪国崇礼·户外天堂”旅游胜地，相关景观见图 5-36 ～图 5-38。

4）工程实践与科技创新同步开展

为实现工程建设目标和愿景，在河北省科技厅 2 项科技冬奥课题的支持下，项目团队完成关键技术攻关和集成示范，将科技研发成果应用在工程规划设计、施工、运营的全过程中，支撑冬奥廊道景观的高质量落地，圆满完成科技冬奥保障任务。

6. 取得的成效

1）经济效益

太子城公路廊道建设完成后被崇礼区命名为“崇礼冬奥公园”。冬奥会成功举办后，廊道优美的自然生态景观已成为崇礼区的生态文化标志，四季变换的风景吸引了众多游客前来。当地多场体育活动赛事在此举办，极大促进了京张体育文化旅游带的发展，为当地创造了更多就业和发展机会，推动了当地乡村振兴和绿色可持续发展。

图 5-26 田园湿地夏景

图 5-27 田园湿地冬景

图 5-28 田园湿地

图 5-29 森林驿站

图 5-30 乡野草甸

图 5-31 河流修复后景观

图 5-32 森林湿地修复后景观

图 5-33 田园湿地修复后景观

图 5-34 乡野花田景观

图 5-35 乡野草花

图 5-36 乡野花田游客打卡

图 5-37 森林步道游客徒步

图 5-38 田园湿地游客拍照

2）社会效益

设计团队与各方参建者共同高质量完成了太子城公路廊道景观工程，为赛区营造出了优美的生态环境，受到社会的广泛认可，向全世界展示了中国生态文明建设的决心和成就。中央电视台、《科技日报》等媒体广泛宣传，形成社会影响力，推动行业发展。相关科研成果入选国家体育总局和科技部主办的北京冬奥会冰雪运动科技展和河北省科技厅主办的科技冬奥成果展。科技部科技冬奥领导小组向项目团队及主要研究人员发来感谢信。

3）生态效益

工程共营建绿地 292 公顷，苗木成活率达 98%，辐射提升周边 20 平方千米森林绿地生态服务质量，对沿线山水林田湖草居进行一体化保护和系统治理，优化了区域山水景观风貌，提升了生物多样性，取得了显著的生态效益。

5.5.2 崇礼区 2022 年冬奥会“三场”区域生态提升

1. 工程概况

工程位于张家口市崇礼区古杨树场馆群，总面积约 63.6 公顷，主要建设内容是对北京 2022 年冬奥会张家口赛区国家跳台滑雪中心、国家冬季两项中心、国家越野滑雪中心 3 个主要竞赛场馆及山地转播中心、技术人员酒店、“冰玉环”等配套设施区域（以下简称“三场”）进行绿地修复与景观营造。

设计团队针对项目存在的地形复杂、植被断裂、景观单一、工程建设造成生态扰动、边坡破损等问题，全面落实冬奥会筹办工作“要突出绿色办奥，让体育设施同自然景观和谐相融”的精神，克服高质量要求、工期紧、多工程交叉等诸多挑战，坚持工程设计与科技创新相结合，采用“全区域—全要素—全过程”一体化保护和系统治理规划理念，统筹赛区生态保护与修复、赛时景观营造与赛后可持续利用、冬奥会筹办与当地绿色发展。

2. 设计思路

规划依据不同空间尺度、不同要素特征和不同功能需求，探索性地将“三场”区域生态景观划分为生态基底、配套设施、竞赛场馆 3 个维度，实现“全区域—全要素—全过程”的生态景观格局构建。从全区域视角，本项目对“三场”所在区域山水林田湖草要素进行一体化保护和系统治理修复，构建具有配套设施的绿色空间体系，改善原有植被断裂、景观单一的自然生态环境，营造安全、稳定、可持续的生态基底，满足赛时赛后的生态景观需求。在生态修复的基础上，融合过渡人工设施与自然环境的边界，建立人与自然的对话，实现体育设施同自然景观和谐相融。依据竞赛场馆类型对生态景观进行差异化营建，系统地将竞赛场馆、配套设施、生态基底融入全区域生态景观格局。

3. 项目特色

工程应用低耗水乡土植物，节约水资源。根据场地气候、降水和土壤等环境特征，选用云杉、樟子松、紫丁香等耐寒耐旱、低耗水、易维护的乡土植物作为材料，节约了水资源，降低了绿地建设和后期养护成本，实现了赛场植物景观的可持续发展。

工程采用可降解材料修复边坡，无环境损害。在场馆区域边坡修复设计中，采用了可降解植物纤维。它们与其他材料搭配，既能使边坡快速覆绿保持水土，又能在后期自然降解成绿肥，不对环境造成损害，能够实现绿色循环。

4. 取得成效

工程共营建绿地 63.4 公顷，苗木成活率达 98% 以上，“三场”区域森林覆盖率达 85% 以上，辐射提升周边 5 平方千米森林绿地的生态服务质量。冬奥会成功举办后，以“三场”为核心的古杨树场馆群区域被国际奥委会正式命名为张家口崇礼奥林匹克公园。“三场”优美自然的生态景观已成为带动区域发展的生态引擎，也是京张体育文化旅游带发展的重要增长极，为当地创造了更多的就业和发展机会，推动了区域经济的绿色可持续发展。“三场”景观见图 5-39 ～图 5-47。

图 5-39 “三场”区域植被景观修复后实景

图 5-40 “雪如意”周边植被修复

图 5-41 国家冬季两项中心赛道周边植被景观

图 5-42 国家冬季两项中心周边植被景观营建

图 5-43 “三场”区域边坡修复 1

图 5-44 “三场”区域边坡修复 2

图 5-45 “三场”区域边坡修复 3

图 5-46 技术官员酒店周边植物景观

图 5-47 “三场”区域道路植物景观营建

06

工程实施后评价

POST IMPLEMENTATION EVALUATION OF THE PROJECT

研究人员对修复工程实施后研究区域的景观格局指数变化、土地利用类型变化、安全评价结果变化进行了后评价，通过对比工程实施前后变化复核生态格局的变化情况。

6.1

景观格局指数变化

工程实施前后各用地类型景观格局对比见表 6-1 和表 6-2。

两个表格展示了 2017 年到 2022 年研究期间内研究区域草地、林地、建设用地、耕地、水域景观格局指数变化。具体分析如下。

（1）草地的斑块总面积减小，斑块数量及斑块密度提高，斑块平均面积和最大斑块指数减小，边缘密度升高，景观分离度指数升高，散布与并列指数降低，说明草地用地类型的优势度在研究区域内相对减弱，破碎化程度提高，但草地仍为主要优势斑块类型。

（2）林地斑块总面积增加，最大斑块指数增加，斑块数量及斑块密度增加，斑块平均面积减小，在研究区域内破碎化程度有所提高，但斑块优势度提高，边缘密度升高，景观分离度指数降低，散布与并列指数升高，

表 6-1 工程实施前后各用地类型景观格局对比 1

年份	斑块类型	斑块类型面积（CA）/ 平方千米	斑块数量（NP）/ 个	斑块密度（PD）个 / 平方千米	斑块平均面积（AREA_MN）/ 平方千米	斑块所占景观面积比例（PLAND）	最大斑块指数（LPI）
2017	草地	233.234 2	4 080	8.684 7	0.057 165	49.646 2	24.345 9
	林地	195.270 6	2 858	6.083 5	0.068 324	41.565 3	4.034 8
	建设用地	25.219 7	2 416	5.142 7	0.010 439	5.368 3	3.123 9
	耕地	15.407 0	574	1.221 8	0.026 841	3.279 5	0.469 8
	水域	0.661 3	189	0.402 3	0.003 499	0.140 8	0.021 7
2022	草地	190.439 2	4 441	9.453 1	0.042 882	40.536 8	15.942 6
	林地	252.259 4	4 879	10.385 4	0.051 703	53.695 9	11.718 2
	建设用地	21.173 7	1 776	3.780 4	0.011 922	4.507	2.716
	耕地	5.185 2	146	0.310 8	0.035 515	1.103 7	0.288 5
	水域	0.735 3	263	0.559 8	0.002 796	0.156 5	0.018

表 6-2 工程实施前后各用地类型景观格局对比 2

年份	斑块类型	边缘密度(ED)	景观分离度指数(SPLIT)	相似邻接比例度(PLADJ)	散布与并列指数(IJI)	斑块结合度指数(COHESION)	聚集度指数(AI)
2017	草地	99.533 5	14.010 9	94.935 7	50.163 5	99.875 2	94.997 9
	林地	78.227 3	235.136 8	95.2520	19.332 4	99.166 3	95.320 2
	建设用地	31.771 5	1 015.470 8	85.166 2	63.601 7	99.357 6	85.336 2
	耕地	11.9970	21 358.852 4	90.824 9	85.2270	98.193 3	91.057 2
	水域	2.101 4	12 139 863.89	62.664 4	73.495 9	91.3130	63.446 4
2022	草地	103.240 2	32.140 2	93.578 8	38.914 4	99.780 5	93.646 7
	林地	94.760 5	45.505 5	95.543 9	29.105 4	99.620 5	95.604 1
	建设用地	29.414 5	1 349.081 7	83.671 7	64.820 5	99.310 2	83.854 1
	耕地	3.436 4	53 104.779 1	92.180 6	94.937 6	98.435 5	92.587 7
	水域	2.026	14 806 124.57	67.564 3	94.135 5	88.724 3	68.363 8

说明与其他斑块类型更相邻近、聚集。

（3）建设用地斑块类型面积减少近 1/5，同时斑块密度减小，破碎化程度减弱，分布更加集中。

（4）耕地斑块类型总面积减小为原来的 1/3，同时斑块密度减小，研究区域内斑块优势度减弱，但斑块平均面积升高，破碎化程度减弱，边缘密度降低，景观分离度指数升高，破碎度增加，散布与并列指数升高，表明与其他斑块类型更相邻近、聚集。

（5）水域斑块类型面积增加少许，但斑块密度提高，斑块平均面积减小，斑块密度升高，最大斑块指数减小，破碎化程度提高，仍为研究区区域最弱势斑块类型。散布并列指数小、相似邻接比例、景观聚集度、景观分离度指数升高，斑块结合度指数降低，说明水域同种斑块内结合度降低，更加分散，与其他斑块类型聚集度提高。

项目实施前后景观格局对比见表 6-3。

表 6-3 工程实施前后景观格局对比

年份	总面积（TA）	斑块总数（NP）	斑块密度（PD）	最大斑块指数（LPI）	景观形状指数（LSI）	香农多样性指数（SHDI）	香农均匀性指数（SHEI）	蔓延度指数（CONTAG）
2017	46 979.28	10 117	21.535	24.345 9	61.601 8	0.990 9	0.615 7	61.612 4
2022	46 979.28	11 505	24.489 5	15.942 6	64.107 2	0.899 5	0.558 9	64.315 4

在 2017 年到 2022 年的研究期间，研究区域总面积不变，斑块总数增多（主要因为林地斑块大量增加），斑块密度提高，最大斑块指数减小（草地斑块由 24.345 9 降低为 15.942 6，林地斑块由 4.034 8 升高为 11.718 2），景观形状指数略微提升。研究显示区域内斑块景观形状向复杂趋势发展，草地和林地仍为优势景观类型，占主要地位。

香农多样性指数、香农均匀性指数略有下降，主要因为通过相应的生态修复措施以及奥运工程实施，研究区域内林地、建设用地、耕地分布整合性提高，互相更加聚合、邻近。

蔓延度指数表示对于给定数量的景观斑块类型，在最大可能的情况下能够被观察到的受辐射影响程度，大部分情况下用以判断某个景观空间内不同的斑块类型所呈现出的集聚状态与蔓延程度。其值越小，说明在此生态空间内，有较多数量的小面积斑块，景观破碎化程度相对严重；值越大，则说明景观区域内拥有较高的通达程度，景观形成了良好的连接性，抑或是拥有某个连片度较高的景观斑块类型 [40]。

在研究期间，崇礼区蔓延度指数呈上升趋势，表明虽然用地逐渐饱和、城市发展的需求日益高涨，但整体规划设计在不断优化和完善，绿色发展理念使得人类活动对景观生态的影响得到限制，一系列宏观调控在一定程度上缓解了人地矛盾，当地生态系统抗风险能力有所提升。

6.2

土地利用类型变化

本项目利用土地利用转移矩阵对 2017—2022 年土地利用类型变化情况进行分析，可以看出土地利用类型转移集中表现在林地和草地的增加，见图 6-1 和表 6-4。

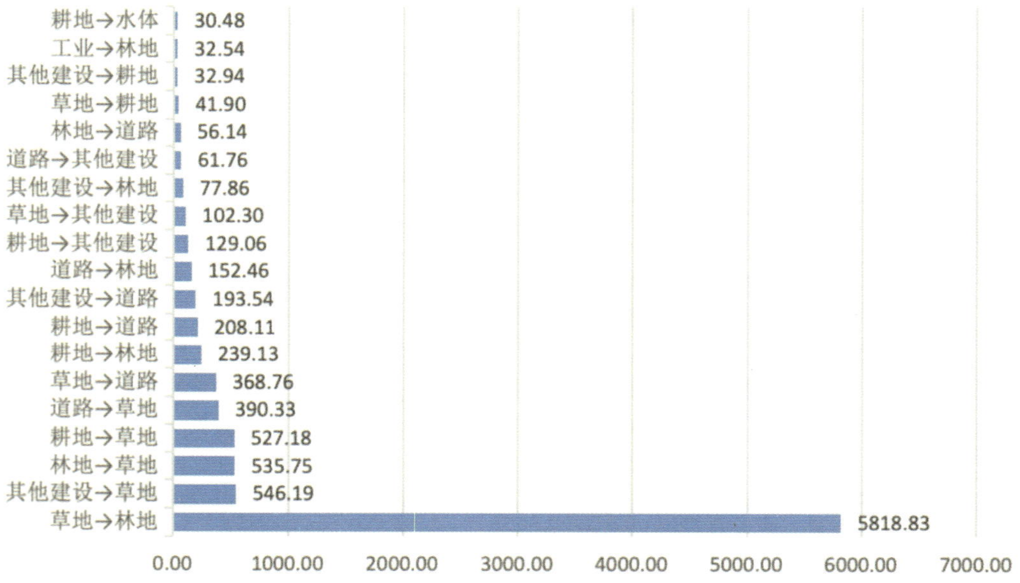

图 6-1 土地利用转移 30 公顷以上类型序位

注：“其他建设”为其他建设用地

按照 3.2.1 中生态用地转移评价的方法，将表 6-1 依次按照用地生态功能提高、用地性质未发生变化、用地生态功能降低的评价方法，落位到空间上得到图 6-2。由图可知，2022 年土地利用变化活跃区域分布在太子城沟和“三场”周边。生态用地显著增加，主要增加的区域集中在太子城沟和“三场”周边，其他两条沟也有所增加。由于冬奥建设原因，“三场”中心地区生态性有所降低。

表 6-4 2017—2022 年土地利用转移矩阵

变化面积 / 平方米		2022 年							
		草地	道路	耕地	工业	林地	其他建设用地	水体	总计
2017	草地	170 067 449	3687554	419 038	64 961	58 188 270	1 022 987	47 033	233 497 292
	道路	3 903 298	3577583	123 287	55 338	1 524 575	617 611	37 704	9 839 396
	耕地	5 271 788	2081121	4 103 643	29 232	2 391 288	1 290 629	304 808	15 472 509
	工业	278 396	44158	5 489	582 864	325 441	2 920	9 449	1 248 717
	林地	5 357 459	561351	109 602	557	188 973 116	112 069	23 955	195 138 109
	其他建设用地	5 461 893	1935365	329 363	9 379	778 580	5 347 456	91 213	13 953 249
	水体	98 917	108068	94 777	68	78 128	42 428	221 139	643 525
	总计	190 439 200	11 995 200	5 185 199	742 399	252 259 398	8 436 100	735 301	469 792 797

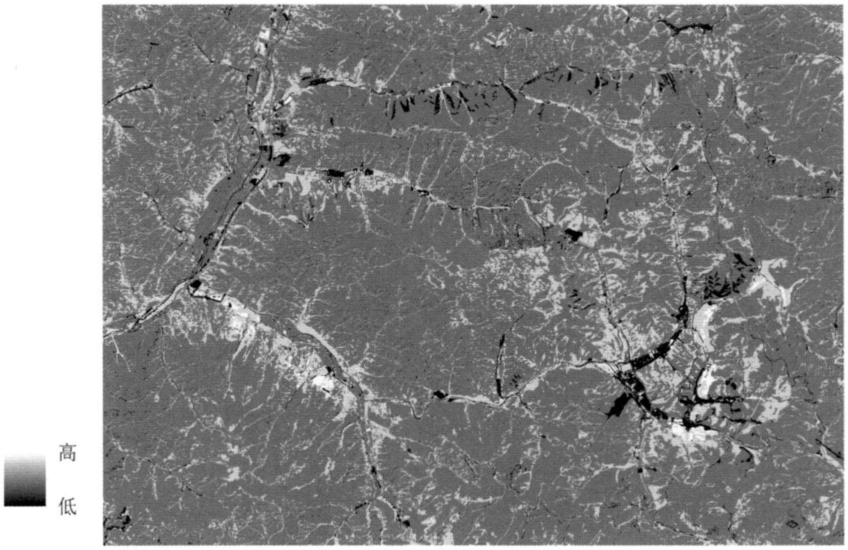

图 6-2 2017—2022 年生态用地转移情况

6.3

安全评价结果变化

2017 年与 2022 年研究区安全评价统计结果如表 6-5 和图 6-3 所示。2022 年，工程建设后安全评价平均分比 2017 年有所上升；最低分上升而最高分几乎没有变化。2022 年得分标准方差降低，数据更加稳定，中位数右移，在 2.5 到 3.5 之间的面积增加，整体得分集中到 3 分以上，表明研究区整体安全性提高，生态建设取得了明显成效。为了进一步将 2017 年评价结果与 2022 年评价结果在空间上进行对比，分别将其评价结果进行重分类，见表 6-6 和图 6-4、图 6-5。

表 6-5 工程实施前后安全评价对比

年份	平均得分	最低分	最高分	标准方差
2017	2.929	1.837	3.794	0.301
2022	3.084 ⬆	1.982 ⬆	3.789	0.254 ⬇

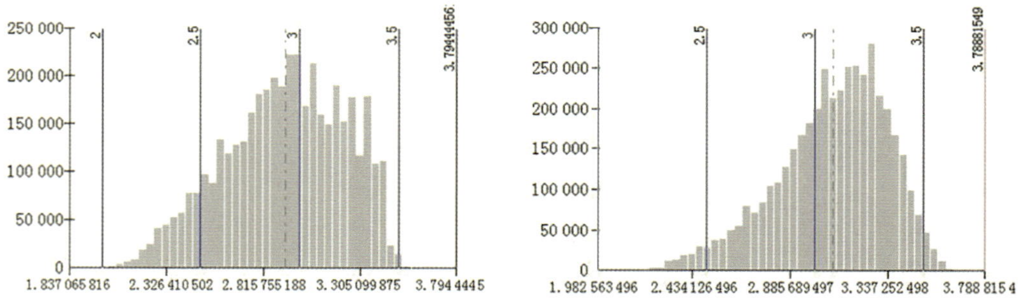

2017 年评级得分直方图　　2022 年评级得分直方图

图 6-3 安全评价结果（组图）

表 6-6 2017 年及 2022 年评价结果重分类

年份	1 类	2 类	3 类	4 类	5 类
2017	1.84 ～ 2 分	2 ～ 2.5 分	2.5 ～ 3 分	3 ～ 3.5 分	3.5 ～ 3.79 分
2022	1.98 ～ 2 分	2 ～ 2.5 分	2.5 ～ 3 分	3 ～ 3.5 分	3.5 ～ 3.79 分

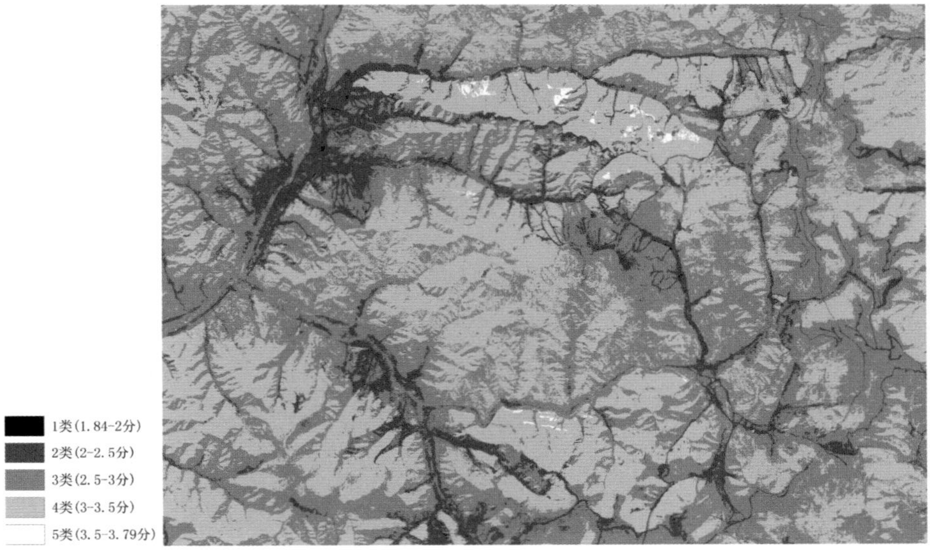

图 6-4 2017 年评价重分类结果

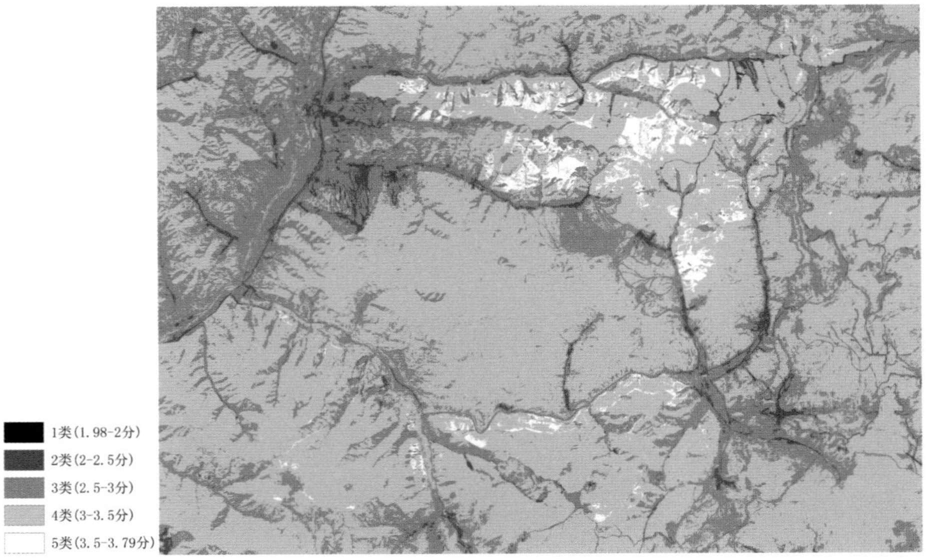

图 6-5 2022 年评价重分类结果

将两个年份的评价重分类结果进行对比统计，得到表 6-7 和图 6-6。从结果中可知，经过近几年的生态修复，三沟生态安全得到明显提升，其中太子城沟和长城岭沟生态提升最为明显，其次为“三场”区域。对评价结果变化进行统计可知，生态变好区域的面积占比为 35%（太子城沟两侧最为明显，得益于生态修复）；生态变差区域的面积占比为 5%（主要集中在“三场”区域，受冬奥设施建设影响）；生态无变化的面积占比为 60%。其中，生态显著变好的面积有 8 925 903.8 平方米，用地性质由建设用地变为草地和林地；显著变差的面积有 1 704.2 平方米，用地性质由农用地、林地变为建设用地。

表 6-7 2017 年及 2022 年评价重分类结果对比

变化情况	说明	变化面积 / 平方米
-3	下降三等，显著变差	1 704
-2	下降两等，变差	351 169
-1	下降一等，略变差	20 584 949
0	没有变化	253 894 478
1	提高一等，略变好	139 699 999
2	提高两等，变好	8 797 802
3	提高三等，显著变好	128 101

图 6-6 2017 年及 2022 年评价重分类结果对比

07

生态安全格局管控与保障机制

ECOLOGICAL SECURITY PATTERN CONTROL AND GUARANTEE MECHANISM

7.1

研究区域内管控与保障分区

生态安全与自然生态系统的健康与平衡息息相关。不同的土地类型对人类的生产生活产生不同的影响，人类活动的多少又直接影响生态安全等级的高低。根据上文第 4 章和第 5 章生态安全和生态功能分区图叠加，研究区域大致可分为核心保护区、理想保护区、风险预防区、防护治理区。根据第 3 章分析出的各个经筛选而得出的评价指标体系中对生态安全起主要影响作用的因素，制定各区保护策略。核心保护区对应的是生态安全区，理想保护区对应的是生态较安全区中人类活动较少的区域，风险防御区对应的是生态较安全区中人类活动较多的区域，防护治理区对应的是生态欠安全区，也是人类活动较多的区域。

核心保护区面积为 77.43 平方千米，包含生态源地、100 米宽的生态廊道和重要的河流生态空间。区域内有河流、林地、草地、耕地、居民点、道路 6 种用地类型（图 7-1），其中河流用地面积 1 000 平方米、林地用地面积 33 697 100 平方米、草地用地面积 6 004 600 平方米、耕地用地面积 116 800 平方米、居民点用地面积 9 000 平方米、道路用地面积 50 300 平方米。区域内居民点和道路是人类活动频繁的区域，也是影响核心保护区的主要因素。

图 7-1 核心保护区用地类型图

理想保护区总面积 194.55 平方千米，紧邻核心保护区，呈斑块状分布。区域内地块分散且单元斑块较集中，分布有河流、林地、草地、耕地、采矿点、居民点、道路 7 种用地类型（图 7-2）。其中：河流面积 139 800 平方米、林地面积 41 204 400 平方米、草地面积 60 042 500 平方米、耕地面积 4671400 平方米、采矿点面积 111 900 平方米、居民点面积 1 403 600 平方米、道路面积 2 598 800 平方米。区域内居民点、道路用地相对增加，采矿点直接威胁该区域生态平衡。整体来说该区域生态环境敏感度高，应当加强保护。

风险预防区位于理想保护区周边，是理想保护区和防护治理区之间的过渡地带，占地面积 135.37 平方千米。区域内以草地和林地为主，分布少量河流和道路（图 7-3）。其中，各用地类型面积为：河流 400 200 平方米、林地 119 978 400 平方米、草地 60 042 500 平方米、道路 4 088 000 平方米。风险预防区为防护治理区和理想保护区提供了生态安全缓冲屏障，对两区的防护治理和生态安全起到了缓冲作用。

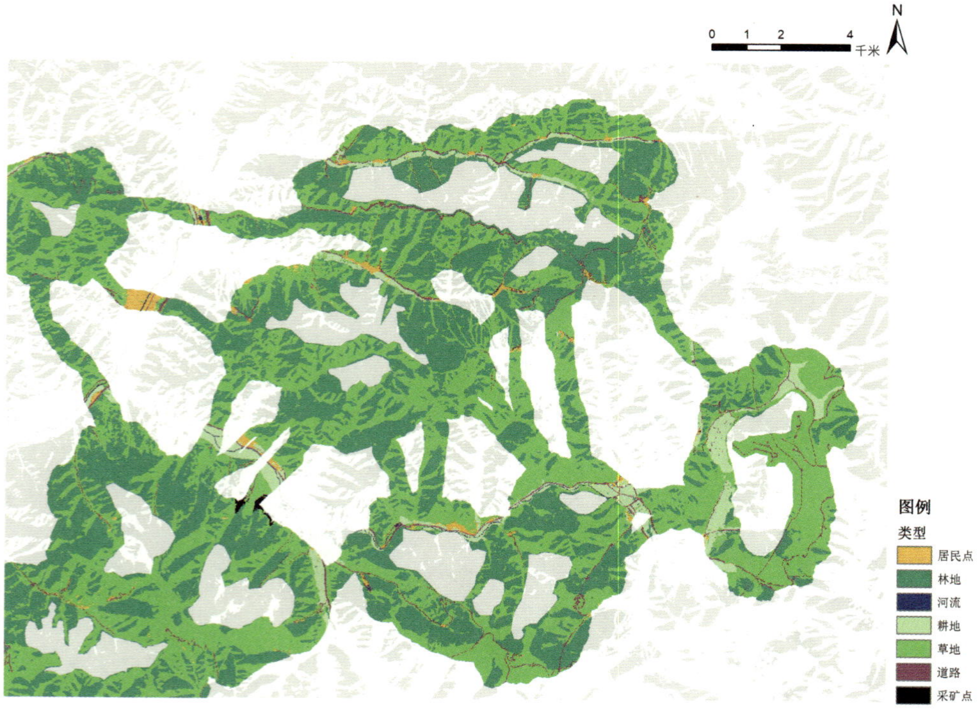

图 7-2 理想保护区用地类型图

防护治理区面积为 62.34 平方千米，约占整体研究区域的 1/10，区域内用地类型丰富多样，整合后大致分为 7 种（图 7-4）。其中河流面积 120 300 平方米、林地面积 390 700 平方米、草地面积 153 815 100 平方米、耕地面积 10 618 800 平方米、采矿点面积 1 133 300 平方米、居民点面积 12 558 700 平方米、 道路面积 3 266 100 平方米。居民点占地最多，其次是耕地，道路、采矿点少量分布，由此可见，该区域是人类生产生活最频繁的区域，也是防护、治理、修复的重点区域。

根据以上分析可知，研究区域内生态安全性整体较高，人类活动越多的地方生态安全等级越低。研究区域内未开发区域是研究的核心区域，也是重点保护的区域，其他区域需要根据不同分区等级采取不同的措施进行修复、治理和防护。

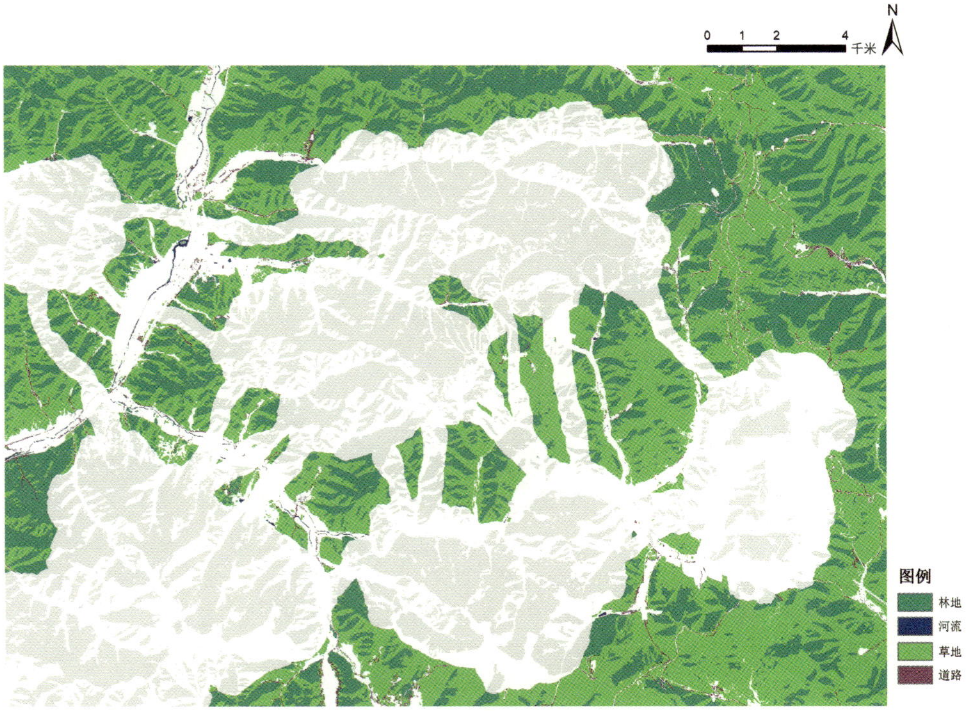

图 7-3 风险预防区用地类型图

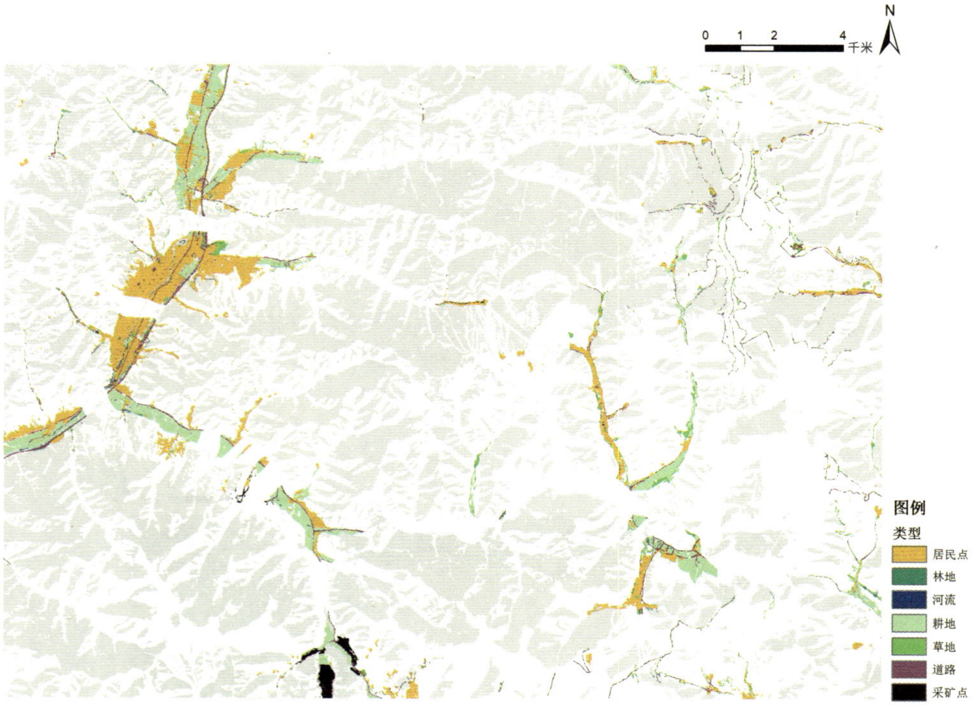

图 7-4 防护治理区用地类型图

7.2

实施和保障机制

生态安全格局管控与保障机制是维护生态系统稳定和可持续发展的重要手段。区域生态安全格局管控需要采取一系列措施，包括实施生态补偿和奖惩机制、加强监管和执法力度、强化生态意识建设、增强社会公众的环保意识。

1. 实施生态补偿和奖惩机制

为了保护生态安全格局，需要采取一系列有效的措施。其中，实施生态补偿和奖惩机制是至关重要的。这种机制旨在鼓励人们采取行动来保护环境，同时对那些破坏生态环境的行为进行惩罚和制约。

除了惩罚和奖励，还应积极探索市场化的生态补偿机制，要根据崇礼区生态安全格局构建的特点，建立与之匹配的生态补偿机制。生态安全格局构建占用的用地性质不同，如果赔偿标准相同，可能出现不公平的现象，可以实行差别性的补偿方式。首先，分级管控分区的要求存在不同，核心保护区是首要保护区域，对其的补偿可以与其他的管控区域不同。其次，生态空间格局构建会对不同主体产生不同的影响，可以采取意愿补偿方式。对因生态空间格局构建而影响的工厂或生产场所搬迁的主体，要积极与主体协商补偿方式，实行经济补偿或政策倾斜，或二者结合；对因生态空间格局构建而受影响的其他主体，应该积极探索经济补偿、政策倾斜等多种措施，增强生态补偿的针对性与灵活性。再次，经济补偿只是手段，生态格局构建是过程，协调好经济发展与生态空间保护是目的，还可以通过建立生态保护基金、发行绿色债券等方式，吸引社会资本参与生态保护和修复工作。这些资金可以用于支持环保项目、提供生态旅游机会等，从而在保护生态环境的同时促进经济发展。

2. 加强监管和执法力度

为了确保生态安全格局管控的有效性，必须加强监管和执法力度，明确生态空间有关规划的法定地位及其约束力，颁布管理规定，明确法律责任等。相关部门应该密切合作，共同加强对生态保护规划的实施监督，确保各项措施得到妥善执行。同时，必须采取严厉措施打击任何破坏生态环境的行为，坚决维护生态环境的稳定和健康。

设定各管控区域的管制需求，明确法律责任，虽然上述在原则上不能随意进行调整，但是重大建设项目或者城市发展战略发生重大改变时，局部生态空间可重新进行规划。在生态环境保护视角下，相关人员应对生态空间系统性和价值量需求进行深入的研究论证，以确定是否可以调整，如果确实需要调整，应该依照相应的流程进行严格审批。

为了实现这一目标，需要建立健全跨部门、跨区域的协调机制。不同部门之间应该加强沟通，分享信息和经验，共同应对生态环境保护的挑战。同时，各地区之间也应该加强合作，推进区域生态安全格局的保护工作。加强协调和合作可以更好地整合资源，形成合力，共同推进生态环境保护事业的发展。

除了加强监管和执法力度，还需要注重科学技术的运用。通过引进先进的生态保护技术和设备，提高管控效率和质量，更好地保护生态环境。同时，加强科研力度，深入研究生态保护的规律和特点，为制定更加科学、有效的管控措施提供支持。保障生态安全格局管控的有效性需要多方面的努力和配合。只有加强监管和执法力度、建立健全协调机制、注重科技运用和社会参与，才能更好地保护生态环境，实现可持续发展。

3. 强化生态意识建设

生态文明强调“协调人与自然的共生”，人类社会是自然环境中不可或缺的一部分，任何危害环境的行为都将对人类自身构成威胁。人们需要高度重视生态环境的保护，尊重生命，尊重自然，在人类的历史发展进程中，更加关注经济与自然的统一。需要改变主观意识，并实现从征服自然到“天人合一”的目标。崇礼区应当重视生态文明的理念，尤其要对基层工作人员进行思想理念建设，明确他们在生态环境保护中的责任，帮助他们深刻理解生态文明的核心理念；以基层为载体，向人民群众宣传生态文明观念。思想意识层面的改变会体现在行动上，引导人们进行改造自然等各项活动，增强人们的生态环保意识，确立正确的资源观；绿水青山就是金山银山，扎实开展生态文明建设工作，正确处理社会发展和环境保护之间的关系。

4. 增强社会公众的环保意识

保护生态环境是每个人的重要职责，生态环境质量与每个人密切相关。公众参与制度不仅是每位公民享有的基本权利，更是一种集思广益的有效手段，有助于提高环保建设的效率。崇礼区应通过广泛的宣传教育、科普活动以及环保公益活动，让更多的人了解生态环境的重要性，并引导其积极参与到生态保护的行动中。

政府在这方面应发挥主导作用，制定严格的环保法规和政策，同时鼓励企业和社会公众共同参与生态保护工作。生态安全格局的构建是一项长期且具有公益性的工程，旨在为人们创造更加舒适的生活环境。人民有权监督生态空间的建设过程，并举报已建成的环境受到损害的情况，同时有责任爱护生态环境。确保公平公正的参与是提高政府工作效率和生态空间建设顺利进行的关键，公众的广泛参与是实现这一目标的重要保证。政府应加大对环保科技研发的投入，推动环保产业的发展，从而形成政府、企业和公众共同参与的生态安全格局管控与保障机制。三方在共同努力下，为生态环境的保护和可持续发展做出贡献。

08

总结

SUMMARY

创新点描述及技术方法体系总结。

本项目形成了生物多样性景观生态安全格局评价体系，建立了以保护和提高生物多样性为目标导向，包括基础理论、分析手段、评估办法、评价标准、技术措施、工程案例等内容，涵盖山水林田、协调生态与建设的景观生态格局，提出了为深入解决国内外热点问题提供理论支撑和具有地方特色的系统工程解决方案；以风景园林行业为立足点和牵头点，融合多学科专业知识，研究开发完整的生态安全格局构建与分区管控技术、河流生态系统修复技术、林草生态系统修复技术、动物迁徙通道建设技术等一系列工程技术措施，为景观生态安全格局工程实践探索行业标准、提供行业办法、打造工程示范样板。

本项目有以下创新点。

创新点一：基于数字孪生的土壤生态修复管理技术。

本项目研发了基于三维数字模型的景观基质全流程管理应用程序；建立了“分区修复 + 分类实施 + 多源协调 + 生态重构”的修复方法；发明了土壤检测用快速预处理系统，解决了大尺度景观基质土壤快速干预与管控难题，提高了景观生态安全格局构建效率。

创新点二：景观基质土壤污染绿色生态修复技术。

本项目发明了河流缓冲带土壤修复反馈系统及修复方法；发明了矿渣堆放场土壤的生态修复方法；发明了寒冷地区大面积重金属污染土壤的再生方法；解决了景观土壤基质修复中高扰动、高耗能的难题。

创新点三：多功能互补模块化野生动物保护设施构建技术。

本项目研发了预制模块组装式野生动物通道；研制了“一种集成风力及太阳能发电的野外冬季小动物喂水装置”“一种户外野生小型动物投喂装置”；降低了生物多样性保护装置的能耗，提高了可持续性。

本项目研究的相关矩阵见表 8-1。

表 8-1 本研究的相关矩阵 1

因子层判断 A-B 权重矩阵					
A	B_1	B_2	B_3	B_4	B_5
B_1	1	1/5	1/7	1/5	1
B_2	5	1	1/3	3	3
B_3	7	3	1	3	5
B_4	5	1/3	1/3	1	3
B_5	1	1/3	1/5	1/3	1
C_R=0.06					
指标层驱动力指标判断 B_1-C 权重矩阵					
B_1	C_1	C_2	C_3		
C_1	1	1	1/2		
C_2	1	1	1/2		
C_3	2	2	1		
C_R=0					
指标层压力指标判断 B_2-C 权重矩阵					
B_2	C_4	C_5	C_6	C_7	
C_4	1	1/2	1/4	1/2	
C_5	2	1	1/4	1/2	
C_6	4	4	1	1	
C_7	2	2	1	1	
C_R=0.04					
指标层状态指标判断 B_3-C 权重矩阵					
B_3	C_8	C_9	C_{10}	C_{11}	
C_8	1	3	4	2	
C_9	1/3	1	2	1/2	
C_{10}	1/4	1/2	1	1/3	
C_{11}	1/2	2	3	1	
C_R=0.01					

表 8-2 本研究的相关矩阵 2

因子层判断 *A-B* 权重矩阵					
A	B_1	B_2	B_3	B_4	B_5
B_1	1	1/5	1/7	1/5	1/2
B_2	5	1	1/2	4	5
B_3	7	2	1	3	5
B_4	5	1/4	1/3	1	3
B_5	2	1/5	1/5	1/3	1
C_R=0.06					
指标层驱动力指标判断 B_1-C 权重矩阵					
B_1	C_1	C_2	C_3		
C_1	1	3	1/3		
C_2	1/3	1	1/5		
C_3	3	5	1		
C_R=0.04					
指标层压力指标判断 B_2-C 权重矩阵					
B_2	C_4	C_5	C_6	C_7	
C_4	1	1/3	1/5	1/2	
C_5	3	1	1/3	1/3	
C_6	5	3	1	3	
C_7	2	3	1/3	1	
C_R=0.07					
指标层状态指标判断 B_3-C 权重矩阵					
B_3	C_8	C_8	C_{10}	C_{11}	
C_8	1	5	3	1	
C_9	1/5	1	1/3	1/5	
C_{10}	1/3	3	1	1/2	
C_{11}	1	5	2	1	
C_R=0.01					

表 8-3 本研究的相关矩阵 3

因子层判断 A-B 权重矩阵					
A	B_1	B_2	B_3	B_4	B_5
B_1	1	1/4	1/6	1/3	1
B_2	4	1	1/3	1/3	4
B_3	6	3	1	3	7
B_4	3	3	1/3	1	1
B_5	1	1/4	1/7	1	1
C_R=0.09					
指标层驱动力指标判断 B_1-C 权重矩阵					
B_1	C_1	C_2	C_3		
C_1	1	2	1/3		
C_2	1/2	1	1/4		
C_3	3	4	1		
C_R=0.02					
指标层压力指标判断 B_2-C 权重矩阵					
B_2	C_4	C_5	C_6	C_7	
C_4	1	2	1/2	1/3	
C_5	1/2	1	1/2	1/3	
C_6	2	2	1	1/3	
C_7	3	3	3	1	
C_R=0.04					
指标层状态指标判断 B_3-C 权重矩阵					
B_3	C_8	C_9	C_{10}	C_{11}	
C_8	1	5	5	3	
C_9	1/5	1	4	1/3	
C_{10}	1/5	1/4	1	1/3	
C_{11}	1/3	3	3	1	
C_R=0.08					

表 8-4 本研究的相关矩阵 4

因子层判断 A-B 权重矩阵					
A	B_1	B_2	B_3	B_4	B_5
B_1	1	1/5	1/7	1/2	1
B_2	5	1	1/2	1	3
B_3	7	2	1	3	5
B_4	2	1	1/3	1	1
B_5	1	1/3	1/5	1	1
C_R=0.02					
指标层驱动力指标判断 B_1-C 权重矩阵					
B_1	C_1	C_2	C_3		
C_1	1	1	1/2		
C_2	1	1	1/3		
C_3	2	3	1		
C_R=0.02					
指标层压力指标判断 B_2-C 权重矩阵					
B_2	C_4	C_5	C_6	C_7	
C_4	1	1/3	1/4	1/2	
C_5	3	1	1/4	1/2	
C_6	4	4	1	2	
C_7	2	2	1/2	1	
C_R=0.04					
指标层状态指标判断 B_3-C 权重矩阵					
B_3	C_8	C_9	C_{10}	C_{11}	
C_8	1	2	3	2	
C_9	1/2	1	2	1/3	
C_{10}	1/3	1/2	1	1/2	
C_{11}	1/2	3	2	1	
C_R=0.06					

表 8-5 本研究的相关矩阵 5

因子层判断 A-B 权重矩阵					
A	B_1	B_2	B_3	B_4	B_5
B_1	1	1/4	1/5	1/4	1
B_2	4	1	1/3	1	4
B_3	5	3	1	2	4
B_4	4	1	1/2	1	3
B_5	1	1/4	1/4	1/3	1
C_R=0.03					
指标层驱动力指标判断 B_1-C 权重矩阵					
B_1	C_1	C_2	C_3		
C_1	1	1	1/5		
C_2	1	1	1/5		
C_3	5	5	1		
C_R=0					
指标层压力指标判断 B_2-C 权重矩阵					
B_2	C_4	C_5	C_6	C_7	
C_4	1	1	1/3	1/2	
C_5	1	1	1/3	1/2	
C_6	3	3	1	2	
C_7	2	2	1/2	1	
C_R=0					
指标层状态指标判断 B_3-C 权重矩阵					
B_3	C_8	C_9	C_{10}	C_{11}	
C_8	1	3	4	2	
C_9	1/3	1	2	1/3	
C_{10}	1/4	1/2	1	1/3	
C_{11}	1/2	3	3	1	
C_R=0.03					

表 8-6 本研究的相关矩阵 6

因子层判断 *A-B* 权重矩阵					
A	B_1	B_2	B_3	B_4	B_5
B_1	1	1/5	1/5	1/3	1
B_2	5	1	1/3	3	5
B_3	5	3	1	5	7
B_4	3	1/3	1/5	1	5
B_5	1	1/5	1/7	1/5	1
C_R=0.07					
指标层驱动力指标判断 B_1-C 权重矩阵					
B_1	C_1	C_2	C_3		
C_1	1	1	1/5		
C_2	1	1	1/3		
C_3	5	3	1		
C_R=0.03					
指标层压力指标判断 B_2-C 权重矩阵					
B_2	C_4	C_5	C_6	C_7	
C_4	1	1/3	1/2	1/3	
C_5	3	1	1/2	1/2	
C_6	2	2	1	2	
C_7	3	2	1/2	1	
C_R=0.08					
指标层状态指标判断 B_3-C 权重矩阵					
B_3	C_8	C_9	C_{10}	C_{11}	
C_8	1	3	5	3	
C_9	1/3	1	3	1/3	
C_{10}	1/5	1/3	1	1/5	
C_{11}	1/3	3	5	1	
C_R=0.09					

表 8-7 本研究的相关矩阵 7

因子层判断 A-B 权重矩阵					
A	B_1	B_2	B_3	B_4	B_5
B_1	1	1/5	1/8	1/5	2
B_2	5	1	1/3	3	2
B_3	8	3	1	3	5
B_4	5	1/3	1/3	1	4
B_5	1/2	1/2	1/5	1/4	1
C_R=0.09					
指标层驱动力指标判断 B_1-C 权重矩阵					
B_1	C_1	C_2	C_3		
C_1	1	1	1/2		
C_2	1	1	1/3		
C_3	2	3	1		
C_R=0.02					
指标层压力指标判断 B_2-C 权重矩阵					
B_2	C_4	C_5	C_6	C_7	
C_4	1	1/3	1/3	1/2	
C_5	3	1	1/4	1/2	
C_6	3	4	1	1	
C_7	2	2	1	1	
C_R=0.08					
指标层状态指标判断 B_3-C 权重矩阵					
B_3	C_8	C_9	C_{10}	C_{11}	
C_8	1	3	3	3	
C_9	1/3	1	3	1/2	
C_{10}	1/3	1/3	1	1/4	
C_{11}	1/3	2	4	1	
C_R=0.09					

表 8-8 本研究的相关矩阵 8

因子层判断 A-B 权重矩阵					
A	B_1	B_2	B_3	B_4	B_5
B_1	1	1/6	1/6	1/5	2
B_2	6	1	1/3	2	4
B_3	6	3	1	4	4
B_4	5	1/2	1/4	1	5
B_5	1/2	1/4	1/4	1/5	1
C_R=0.10					
指标层驱动力指标判断 B_1-C 权重矩阵					
B_1	C_1	C_2	C_3		
C_1	1	2	1/5		
C_2	1/2	1	1/4		
C_3	5	4	1		
C_R=0.10					
指标层压力指标判断 B_2-C 权重矩阵					
B_2	C_4	C_5	C_6	C_7	
C_4	1	3	1/5	1/4	
C_5	1/3	1	1/5	1/3	
C_6	5	5	1	3	
C_7	4	3	1/3	1	
C_R=0.08					
指标层状态指标判断 B_3-C 权重矩阵					
B_3	C_8	C_9	C_{10}	C_{11}	
C_8	1	3	1/4	1/2	
C_9	1/3	1	1/4	1/4	
C_{10}	4	4	1	4	
C_{11}	2	4	1/4	1	
C_R=0.10					

表 8-9 本研究的相关矩阵

因子层判断 A-B 权重矩阵					
A	B_1	B_2	B_3	B_4	B_5
B_1	1	1/5	1/5	1/5	3
B_2	5	1	1/3	3	5
B_3	5	3	1	5	7
B_4	5	1/3	1/5	1	3
B_5	1/3	1/5	1/7	1/3	1
C_R=0.09					
指标层驱动力指标判断 B_1-C 权重矩阵					
B_1	C_1	C_2	C_3		
C_1	1	3	1/3		
C_2	1/3	1	1/4		
C_3	3	4	1		
C_R=0.08					
指标层压力指标判断 B_2-C 权重矩阵					
B_2	C_4	C_5	C_6	C_7	
C_4	1	1/4	1/2	1/5	
C_5	4	1	3	1/3	
C_6	2	1/3	1	1/5	
C_7	5	3	5	1	
C_R=0.05					
指标层状态指标判断 B_3-C 权重矩阵					
B3	C_8	C_9	C_{10}	C_{11}	
C_8	1	5	4	3	
C_9	1/5	1	1/4	1/3	
C_{10}	1/4	4	1	2	
C_{11}	1/3	3	1/2	1	
C_R=0.08					

表 8-10 本研究的相关矩阵

因子层判断 A-B 权重矩阵					
A	B_1	B_2	B_3	B_4	B5
B_1	1	1/6	1/5	1/3	1
B_2	6	1	1	5	3
B_3	5	1	1	5	3
B_4	3	1/5	1/5	1	1
B_5	1	1/3	1/3	1	1
C_R=0.03					
指标层驱动力指标判断 B_1-C 权重矩阵					
B_1	C_2	C_2	C_3		
C_1	1	3	1/2		
C_2	1/3	1	1/3		
C_3	2	3	1		
C_R=0.06					
指标层压力指标判断 B_2-C 权重矩阵					
B_2	C_4	C_5	C_6	C_7	
C_4	1	1/3	1/5	1/4	
C_5	3	1	1/5	1/3	
C_6	5	5	1	3	
C_7	4	3	1/3	1	
C_R=0.06					
指标层状态指标判断 B_3-C 权重矩阵					
B_3	C_8	C_9	C_{10}	C_{11}	
C_8	1	4	5	3	
C_9	1/4	1	4	1/3	
C_{10}	1/5	1/4	1	1/3	
C_{11}	1/3	3	3	1	
C_R=0.08					

参考文献

[1] 付喜娥，吴人韦．绿色基础设施评价 (GIA) 方法介述：以美国马里兰州为例 [J]. 中国园林，2009,25(09):41-45.
[2] 俞孔坚，李海龙，李迪华，等．国土尺度生态安全格局 [J]. 生态学报 ,2009,29(10):5163-5175
[3] 张剑波．广州陆域生物多样性生态安全格局构建研究 [D]. 哈尔滨：哈尔滨工业大学 ,2016.
[4] 崔胜辉，洪华生，黄云凤，等．生态安全研究进展 [J]. 生态学报 ,2005(4):861-868.
[5] 潘竟虎，刘晓．基于空间主成分和最小累积阻力模型的内陆河景观生态安全评价与格局优化：以张掖市甘州区为例 [J]. 应用生态学报 ,2015,26(10):3126-3136.
[6]CHEN J Q, LIU Y Q.Couple natural and human system:a landscape ecology perspective[J]. Landscape ecology, 2017, 29(10): 1641-1644.
[7] 和娟．汾河源头区域景观特征及生态安全格局的优化 [D]. 北京：中国地质大学 ,2020.
[8] 马克明，傅伯杰，黎晓亚，等．区域生态安全格局：概念与理论基础 [J]. 生态学报 ,2004(04):761-768.
[9]BAKKER M M,OPDAM P F M,JONGMAN R H G, et al. Model explorations of ecological network performance under conditions of global change[J]. Landscape ecology,2015,30(5): 763-770.
[10] 邬建国．景观生态学：概念与理论 [J]. 生态学杂志 ,2000,19(1):42-52.
[11]FORMAN R T T,GODRON M. Landscape Ecology[M].New York:John Wiley and Sons,1986.
[12]YU KJ.Security patterns and surface model in landscape ecological planning[J].Landscape and urban planning,1996,36(1):1-17.
[13] 俞孔坚．生物保护的景观生态安全格局 [J]. 生态学报 ,1999(1):8-15.
[14] 俞孔坚．生态安全格局与国土空间开发格局优化 [J]. 景观设计学 ,2016,4(05):6-9.
[15] 杨姗姗，邹长新，沈渭寿，等．基于生态红线划分的生态安全格局构建：以江西省为例 [J]. 生态学杂志 ,2016,35(1):250-258.
[16] 程迎轩，王红梅，刘光盛，等．基于最小累计阻力模型的生态用地空间布局优化 [J]. 农业工程学报 ,2016,32(16):248-257,315.
[17]PENG J,ZHAO H,LIU Y. Urban ecological corridors construction: A review[J]. Acta ecologica Sinica,2017,37(1):23-30.
[18] 叶鑫，邹长新，刘国华，等．生态安全格局研究的主要内容与进展 [J]. 生态学报 ,2018,38(10):3382-3392.
[19]JALKANEN J, TOIVONEN T,MOILANEN A. Identification of Ecological networks for land-use planning with spatial conservation prioritization [J]. Landscape ecology, 2020,35(2):353-371.
[20]TSCHARNTKE T,CLOUGH Y,WANGER T C,et al.Global food security,bio-diversity conservation and the future of agricultural intensification[J].Biological conservation,2012,151(1):53-59.
[21]AMINZADEH B,KHANSEFID M. A case study of urban ecological networks and a sustainable city: Tehran’s metropolitan area[J]. Urban Ecosyst,2010,13(1)：23-26.
[22] VERGNES A,KERBIRIOU C,CLERGEAU P. Ecological corridors also operate in an urban matrix: a test case with garden shrews[J]. Urban ecosyst,2013,16(3):511-525.
[23]BARANYI G,SAURA S,PODANI J, et al. Contribution of habitat patches to network connectivity: redundancy and uniqueness of topological indices[J]. Ecological Indicators,2011,11(5):1301-1310.
[24] 杨天荣，匡文慧，刘卫东，等．基于生态安全格局的关中城市群生态空间结构优化布局 [J]. 地理研究 ,2017,36(3):441-452.
[25]YU Q,YUE D P,WANG Y H, et al.Optimization of ecological node layout and stability analysis of ecological network in desert oasis:a typical case study of ecological fragile zone located at Deng Kou County (Inner Mongolia)[J].Journal of cleaner production,2018,84(1):304-318.

[26] 周锐，胡远满，王新军，等．快速城镇化地区生态用地演变及驱动力分析 [J]. 长江流域资源与环境 ,2015,24(6):1012-1020.
[27] 陈昕，彭建，刘焱序，等．基于“重要性—敏感性—连通性”框架的云浮市生态安全格局构建 [J]. 地理研究 ,2017,36(3):471-484.
[28] 方莹，王静，黄隆杨，等．基于生态安全格局的国土空间生态保护修复关键区域诊断与识别：以烟台市为例 [J]. 自然资源学报 ,2020,35(1):190-203.
[29] 杜悦悦，胡熠娜，杨旸，等．基于生态重要性和敏感性的西南山地生态安全格局构建：以云南省大理白族自治州为例 [J]. 生态学报 ,2017,37(24):8241-8253.
[30] 李航鹤，马腾辉，王坤，等．基于最小累积阻力模型 (MCR) 和空间主成分分析法 (SPCA) 的沛县北部生态安全格局构建研究 [J]. 生态与农村环境学报 , 2020, 36(8): 1036-1045.
[31] 俞孔坚，王思思，李迪华，等．北京市生态安全格局及城市增长预景 [J]. 生态学报 ,2009,29(3):1189-1204.
[32] 梁发超，刘浩然，刘诗苑，等．闽南沿海景观生态安全网络空间重构策略：以厦门市集美区为例 [J]. 经济地理 ,2018,38(9):231-239.
[33] 吴茂全，胡蒙蒙，汪涛，等．基于生态安全格局与多尺度景观连通性的城市生态源地识别 [J]. 生态学报 ,2019,39(13):4720-4731.
[34] 卢慧婷，严岩，赵春黎，等．雄安新区多尺度生态安全格局构建框架 [J]. 生态学报 ,2020,40(20):7105-7112.
[35] 王晓玉．多尺度景观生态安全格局分析方法及构建 [D]. 北京：中国地质大学 ,2021.
[36] 彭建，郭小楠，胡熠娜，等．基于地质灾害敏感性的山地生态安全格局构建——以云南省玉溪市为例 [J]. 应用生态学报 ,2017,28(2):627-635.
[37] 王添翼，丁金华．基于 MCR 模型的苏南水网乡村生态安全格局构建 [J]. 中国城市林业 ,2022,20(4):58-65.
[38] 朱霞，李振林．基于 PSR 模型的大都市外围乡村生态安全空间格局优化：以武汉市为例 [J]. 现代城市研究 ,2021(10):118-124.
[39] 曹胜昔，赵海明，宋志永，等．道法自然 :2022 年北京冬奥会张家口赛区生态廊道景观设计实践与应用 [M]. 天津：天津大学出版社 , 2022.
[40] 蔡润晖．基于 Fragstats 的扬州市景观格局及其破碎化的演替与驱动力分析 [D]. 扬州：扬州大学 ,2021.
[41] 张蕾，韩秀哲．基于 Fragstats 的哈尔滨市阿城区景观格局分析 [J]. 建筑与文化 ,2020(6):145-146.
[42] 赵烨．景观生态安全格局视角下城市生物多样性保护研究：以北京市海淀区为例 [D]. 北京：北京林业大学 ,2021.
[43] 陈曦．大庆城市边缘区空间演变与生态安全格局构建 [D]. 哈尔滨：东北林业大学 ,2020.
[44] 傅伯杰．景观生态学原理及应用 [M].2 版．北京：科学出版社 , 2011.
[45] 董翠芳，梁国付，丁圣彦，等．不同干扰背景下景观指数与物种多样性的多尺度效应：以巩义市为例 [J]. 生态学报 ,2014,34(12):3444-3451.
[46] 王卿，阮俊杰，沙晨燕，等．人类活动对上海市生物多样性空间格局的影响 [J]. 生态环境学报 , 2012,21(2):279-285.
[47] 苏泳娴，张虹鸥，陈修治，等．佛山市高明区生态安全格局和建设用地扩展预案 [J]. 生态学报 , 2013,33(5):1524-1534.
[48] 李果，吴晓莆，罗遵兰，等．构建我国生物多样性评价的指标体系 [J]. 生物多样性 , 2011,19(5):497-504.
[49] 张继权，伊坤朋，Hiroshi Tani, 等．基于 DPSIR 的吉林省白山市生态安全评价 [J]. 应用生态学报 , 2011,22(1):189-195.
[50] 黄备，魏娜，孟伟杰，等．基于压力 - 状态 - 响应模型的辽宁省长海海域海洋生物多样性评价 [J]. 生物多样

性，2016,24(1):48-54.
[51] 林世滔，陈文波．人类活动对鄱阳湖生态经济区生物多样性的影响研究 [J]. 江西农业大学学报，2015,37(5):938-946.
[52] 唐赛男，王成，裴男才，等．广州南沙区河涌沿岸植物景观特征及其与人类活动的关系 [J]. 浙江农林大学学报，2019,36(2):375-385.
[53] 郑华，欧阳志云，赵同谦，等．人类活动对生态系统服务功能的影响 [J]. 自然资源学报，2003(1):118-126.
[54] 李玉照，刘永，颜小品．基于 DPSIR 模型的流域生态安全评价指标体系研究 [J]. 北京大学学报（自然科学版），2012,48(6):971-981.
[55] 曾立雄，黄志霖，肖文发，等．河岸植被缓冲带的功能及其设计与管理 [J]. 林业科学，2010,46(2):128-133.
[56] 孙金伟，许文盛．河岸植被缓冲带生态功能及其过滤机理的研究进展 [J]. 长江科学院院报，2017,34(3):40-44.
[57] 秦明周．美国土地利用的生物环境保护工程措施：缓冲带 [J]. 水土保持学报，2001(1):119-121.
[58] 朱强，俞孔坚，李迪华．景观规划中的生态廊道宽度 [J]. 生态学报，2005(9):2406-2412.
[59] 谢高地，张彩霞，张雷明，等．基于单位面积价值当量因子的生态系统服务价值化方法改进 [J]. 自然资源学报，2015,30(8):1243-1254.
[60] 崔杨林，高祥，董斌，等．县域景观生态风险评价 [J]. 浙江农林大学学报，2021,38(3):541-551.
[61] 岳万艳，周长威．黔中城市群景观生态风险时空动态研究 [J]. 贵州科学，2019, 37(5）:52-59.
[62] 刘迪，陈海，张敏，等．生态脆弱区景观生态风险时空分异及其地形梯度分析：以陕西省米脂县为例 [J]. 水土保持研究，2019, 26(4): 239-244,251.
[63] 孙一鸣，刘红玉，李玉凤，等．基于水文地貌法模型的城市湿地水环境功能评估：以南京仙林典型湿地为例 [J]. 生态学报，2016,36(10):3032-3041.
[64] 谭跃进．定量分析方法 [M].3 版．北京：中国人民大学出版社 2012.
[65]WANG S D, ZHANG X Y, WU T X, et al. The evolution of landscape ecological security in Beijing under the influence of different policies in recent decades[J]. Science of the total environment, 2019(646):49-57.
[66] 徐伟振，黄思颖，耿建伟，等．基于 MCR 和重力模型下的厦门市生态空间网络构建 [J]. 西北林学院学报，2022,37(2):264-272.
[67] 潘竟虎，王云．基于 CVOR 和电路理论的讨赖河流域生态安全评价及生态格局优化 [J]. 生态学报，2021,41(7):2582-2595.
[68] 张玥，许端阳，李霞，等．中 - 老交通走廊核心区生态廊道构建与关键节点识别 [J]. 生态学报，2020,40(6):1933-1943.
[69] 曹胜昔，张涛，张玉坤，等．基于 LID 的黄土地区景观水体修复策略探析 [J]. 工业建筑，2023,53(2):72-78，41.
[70] 曹胜昔．北京 2022 冬奥会张家口赛区生态风景廊道数据基底建设方法与应用 [J]. 世界建筑，2022,(6):12-16.
[71] 曹胜昔，赵艳，杨昌鸣，等．三生空间视角下的生态风景道功能适宜性评价体系：以崇礼区冬奥风景道为例 [J]. 风景园林，2022,29(4):121-127.
[72] 曹胜昔，张涛，薛蕊，等．基于地理信息系统的崇礼冬奥风景道景观规划研究 [J]. 工业建筑，2021,51(10):62-65.